上班危險 小心輕放

完美對付工作危機的生存技巧

永續圖書線上購物網 讀品文化事業有限公司

WWW.foreverbooks.com.tw

yungjiuh@ms45.hinet.net

全方位學習系列 68

上班危險，小心輕放：完美對付工作危機的生存技巧

編　　著　何俐伶
出 版 者　讀品文化事業有限公司
執行編輯　林美娟
封面設計　青姚
內文排版　姚恩涵

總 經 銷　永續圖書有限公司
TEL／(02)86473663
FAX／(02)86473660
劃撥帳號　18669219
地　　址　22103　新北市汐止區大同路三段 194 號 9 樓之 1
TEL／(02)86473663
FAX／(02)86473660
出 版 日　2016年03月

法律顧問　方圓法律事務所　涂成樞律師
CVS代理　美璟文化有限公司
TEL／(02)27239968
FAX／(02)27239668

國家圖書館出版品預行編目資料

上班危險,小心輕放 ： 完美對付工作危機的生存技巧
/ 何俐伶編著. -- 初版. -- 新北市 ： 讀品文化,
民105.03　面 ；　公分. -- (全方位學習系列 ； 68)
ISBN 978-986-453-030-4(平裝)
1.職場成功法
494.35　　104028585

前言

每一個辦公室都有自己的規則，有的是明文規定的，有的則是不成文的，在辦公室內部有通行的做事方法。身為辦公室一員，你必須瞭解這些辦公室的遊戲規則，才能在裡面遊刃有餘。

我們大部分的時間都是在辦公室中度過，每天都會面對不同的人和事，其中有些令人煩心的事又是你不得不去面對的，如果你一味地厭倦和反感是於事無補的，你必須採取一種截然不同的態度。與其將它視為苦差事，不如把它想成是「完成工作的方法」。因為，這就是應酬的最終目的。當你必須和一群要求高、反應敏銳、主觀意識強烈的人一起工作，這是絕對無法避免的副作用。而你的挑戰，便是找出能讓你應付自如、樂在其中的方法。

注意觀察辦公室裡最有效率的人如何將工作完成。任何行業，都有其不成文的「行規」，只有經驗才能使我們逐漸掌握它們。這些「行規」可能會令一個新來乍到者感覺荊棘叢生，寸步難行。然而，如果你瞭解了它們，不但可以如閒庭信步般完成工作，而且它們往往還提供了最方便的捷徑。

因此，首要的工作是學習：注意你所在的公司裡那些能力十分超群資深員工的行事方式，以及他為了什麼目的。

辦公室裡有一些人，職位和地位低微，但卻十分霸道，似乎所有人都要「求」他們。其所以霸氣，因為所有辦公室裡的小事情，均由他們包辦。如果他們對你特別有好感，自然大力協助，讓你做起事來方便得多。所以聰明的人們，永遠不會開罪他們，而且跟他們保持一定的良好關係。但也不要忘卻自己的身份，跟他們完全打成一片。因為在上司眼中，只會認為你隨便，做人不知輕重。為了避免到此地步，你必須與他們劃清界線。

另外，要注意一點，人活一口氣，都是有情緒的。特別是我們每個人身上都背著無形的「包袱」，比如悔恨、內疚、怨恨、憤怒、成見，它們來自我們過去不愉快的經歷。這些「包袱」並不會因為我們的徹悟而停止累積，相反地，卻會與日俱增。

這就是為什麼職場上會如此爾虞我詐的原因。我們每個人都有「包袱」，也經常被別人的「包袱」所絆倒。職場四周充滿了像這樣的「包袱」，沒有人能夠安然無恙地在職場暢遊。所以，一定要對同事的「包袱」有所體察，否則一不留神，他的「包袱」就會成為你的地雷。

事先評估自己於辦公室的生存能力也是十分重要的，任何一位職場高手都會告訴你：要知道自己能力的極限。

【第一章】辦公室裡的潛規則

【第二章】走得太近都會造成傷害

【第三章】

不會拒絕的人無法立足

【第四章】

小人退散

【第五章】以平常心對待名利榮辱

【第六章】低調低調再低調

【第七章】正確看待錯誤

【第八章】語言是辦公室裡不可缺少的生存技巧

上班危險 小心輕放

完美對付工作危機的生存技巧

【第一章】辦公室裡的潛規則

每個身在辦公室的人都必須按遊戲規則行事，在明規則與潛規則的交織下約束自己，才是在辦公室的立足之道。

工作秘笈

辦公室生存法則

辦公室並不像學校或家庭那麼單純。辦公室中固然充滿了世俗的體面和升職、加薪的誘惑，但也充滿了攀爬的艱辛和競爭的無情。

很多白領階層人物常常在表面上非常隨和，骨子裡卻滲透著爾虞我詐、勾心鬥角，「明是一盤火，暗是一把刀」的手段屢見不鮮。所以，不少當初滿腔熱忱躋身職場的人，欲壯志凌雲，大作一番時，卻經過一番「殺」之後，像個落湯雞一樣，敗下陣來，甚至有的人連一招都沒接，就棄「城」而逃，這是什麼原因呢？

關鍵是你沒弄清楚辦公室內的生存法則。縱觀職場上那些混得體面、升得快捷的人，哪一個不是通世故、講分寸之人？把握了辦公室的生存法則，也就能在職場遊刃有餘了。

1.永遠排在倒數第二位置上

你要知道在自己之後，還有一個排在最末位置上的同事，而且要為所有在他面前出現的錯誤、疏忽負責任，只要那個人不是你。現在不是時興末

位淘汰嗎？你只要保住你倒數第二的位置就夠了。假如你身處最末一位的位置，趕緊實施緊急救助，逃出來。如果你已經不在最末一位，請謹慎不要再踏進去。

2. 該閉嘴時就閉嘴

有時候，你會突然發現自己身處頗為微妙的境況。當兩個或更多的彼此看不順眼的人幾乎就要起言語衝突時，你剛好就在「現場」。對未經訓練的耳朵來說，他們似乎是在爭論有關工作上的小事。但是，你知道這只是表面的現象，根本原因在於這兩個人根本就彼此討厭對方。你一定要克服你想插嘴的渴望，緊緊地閉上你的嘴。基本上，無論你說什麼都將是錯的，不是因為你缺乏解決方案或是社交技巧，而是因為沒有人會在這時候喜歡裁判員。事實上，當裁判員擋「路」時，有時還可能會被揍呢。在這個多變的人際關係「化學世界」中，請等到酸鹼完全中和，而酸鹼值也回到正常時，再有所「動作」。

3. 避免完成別人的句子

我們瞭解這樣的衝動，你想要向別人展示你是如何與他們的思路契合。

但是，假如你真的與他們的思路相契合，那麼你就該知道，他們多喜歡聽自己說話。從在沐浴時唱歌，到在你的手機上留下一長串的訊息，再到在一個會議中，把同樣一件事情用不同的方法講五遍，人們似乎永遠都不會厭倦自己。假如你夠聰明，你就該讓他們一償「夙願」。假如你需要讓別人知道你仍然醒著，只要不時簡單地發出「嗯」或「對」就可以了。你將會被稱讚是個不只會聽人說話，而且，還瞭解別人的人，就算你壓根實際上就不是。仍是要避開麻煩、困難以及窘境，別像個喜好挑戰的參賽者一樣跟別人爭論。

4.尋找一個容易解決的難題

你天生具有達成自我價值的衝動。但是，你就是懶惰。因此，你最好的辦法是去找一個容易解決的難題，並且把它給解決了，而不是在現實生活中尋找一個真正而且難以駕馭的難題。這個難題要麼是你恰巧碰上，或是無意間已經嘗試過了的；也許就是在你已經準備好的一份電腦文件上，再做點小變動；或者只是為特定市場找到現成的普查資料。先請求你的老闆提供協助，但是要在他有機會回應之前，就把問題給「解決」了。以這種方式，你將會在投入最小努力的同時，也建立起善於應變、自覺、自發的

名聲。在巧妙地填上你所建立的「空格」後，你將被視為一個上進的人物。

5. 別興風作浪

除非你正在海濱，或是在一場球賽當中，否則，你千萬要把「興風作浪」給忘了。在海濱時，你可以衝浪；在球賽中，你可以加入啦啦隊的行列，盡情地發揮；但是在辦公室，卻要耐住性子，別去攪和，更不能興風作浪、推波助瀾，否則你將會被淹沒在其中。雖然有時會有意外，但是不能冒著被嗆水的危險去「游泳」。

6. 讓別人認為有別的工作在等你

在上司與同事的眼中，不會有比自願離職更有身價的表現了。那就為什麼是你必須要總是看起來像要離職，或者是至少正在考慮的樣子。這樣會引起上司的注意，認為你是個人才，為了保留你，可能給你加薪、晉升以及受尊重的機會，這是再如何努力工作也永遠比不上的。在上班的對談當中，有意流露你正在尋找工作的暗示：「約翰，你知道嗎，直到幾天前，我才瞭解我的價值。」因為已經有多家獵人頭公司主動與我洽談，並且提供許多個無論職稱或待遇都比目前優許多的工作機會。

工作祕笈

開玩笑可能中傷別人了

辦公室是個無風還起三尺浪的地方，最簡單的玩笑都有可能轉化成最嚴重的中傷。所以，開玩笑時要注意分寸。

同事之間，大都不會天天繃著臉，茶餘飯後、工作之餘常開點玩笑，既可以活躍氣氛，又可以放鬆神經，解除疲勞，還可以拉近同事之間的距離。會開玩笑的人，能讓人在一片歡笑中，記住他的風采，並對他產生親近感。在出現意見分歧的時候，開個玩笑或許就可成為緊張局面的緩衝劑，使同事之間消除敵意，化干戈為玉帛。開玩笑有時還可以用來委婉地拒絕同事的要求，或進行善意的批評。

但開玩笑要達到的目的，在於「玩」，千萬不要把玩笑開得過火。如果開玩笑的效果讓人覺得受嘲弄，被「耍」了，那就過了，弄不好還會鬧出問題來，造成損失。根據報載，西方國家每年的愚人節都會造成巨大的損失，甚至在愚人節這天因為開玩笑而造成許多社會案件、交通事故等等。

有些人習慣在愚人節這天開開玩笑，逗逗別人，有的人還樂意被「逗」。但這玩笑可要開得適當。曾有年輕人約翰及傑克，他們在同一個部門上班，

平時兩人私交也不錯，有一年愚人節，約翰故意裝作氣喘吁吁地跑到傑克辦公室，說：「傑克，你媽在工作中出事了！」傑克一聽就著急了，趕緊往他媽媽的公司打電話，結果弄得那公司的人莫名其妙。傑克後來才知道是愚人節，但他對約翰詛咒他媽媽的這個玩笑非常不滿，約翰卻以為一個玩笑有什麼大不了的。兩個人因此發生爭執，竟反目成仇。

開玩笑要適度，像約翰、傑克這樣豈不是適得其反。生活中常有這樣的事，因一句玩笑而發生口角、打鬥，甚至出了人命案。

開玩笑的內容也值得注意，要做到既能引人發笑，又不能影響同事之間的團結。而且不能太庸俗了，有些低級趣味的小笑話，會讓同事覺得你這人太俗氣。有的人喜歡拿同事的一些笑柄來開玩笑，本來人家心裡對此就特別忌諱，你再拿來說笑，自然會鬧出不愉快，更要切忌拿別人的缺點和生理缺陷開玩笑，這就更容易引發衝突了。

開玩笑還要注意對象，有的人喜歡嘻嘻哈哈，經常和人開開玩笑，有的人卻不苟言笑，喜歡嚴肅、安靜，你可以區別對待。別「逗」出了事。

開玩笑，還要分場合、分時間，同事正在工作，你卻不知忙閒地開玩笑，不是等著挨罵嗎？在嚴肅的會場，你無所顧忌地開玩笑，不是招主管批評，遭同事反感嗎？

與同事相處，適當地開開同事的玩笑，可以發揮到融洽關係的作用，也不妨開開自己的玩笑。開自己的玩笑，正是因為尊重別人，很容易贏得朋友的真誠相待。開自己的玩笑，就把自己放在了與同事平等的位置上，平添了幾分親近感，更容易與同事打成一片。

當然，在辦公室裡開玩笑的限度必須把握好：

1. 不要開上司的玩笑

你一定要記住這句話：上司永遠是上司，不要期望在工作職位上能和他成為朋友。即便你們以前是同學或是好朋友，也不要自恃過去的交情與上司開玩笑，特別是在有別人在場的情況下，更應格外注意。

2. 不要以同事的缺點或不足作為開玩笑的目標

金無足赤，人無完人。不要拿同事的缺點或不足開玩笑。你以為你很熟悉對方，隨意取笑對方的缺點，但這些玩笑話卻容易被對方覺得你是在冷嘲熱諷，倘若對方又是個比較敏感的人，你會因一句無心的話而觸怒他，以致毀了兩個人之間的友誼，或使同事關係變得緊張。而你要切記，這種

玩笑話一說出去，是無法收回的，也無法鄭重地解釋。到那個時候，再後悔就來不及了。

3.不要和異性同事開過分的玩笑

有時候，在辦公室開個玩笑可以調節緊張的工作氣氛，異性之間的玩笑亦能讓人縮短距離。但切記異性之間開玩笑不可過分，尤其是不能在異性面前說限制級笑話，這會降低自己的人格，也會讓異性認為你很輕率。

4.莫板著臉開玩笑

到了幽默的最高境界，往往是幽默大師自己不笑，卻能把你逗得前仰後合。然而在生活中我們都不是幽默大師，很難做到這一點，那你就不要板著面孔和人家開玩笑，免得引起不必要的誤會。

5.不要總和同事開玩笑

開玩笑要掌握尺度，不要三不五時總是在開玩笑。這樣時間久了，在同事面前就顯得不夠莊重，同事們就不會尊重你；在主管面前，你會顯得不夠成熟、不夠踏實，主管也不能再信任你，不能對你委以重任。這樣做實在是得不償失。

6. 不要以為捉弄人也是開玩笑

捉弄別人是對別人的不尊重，會讓人認為你是惡意的。而且事後也很難解釋。它絕不在開玩笑的範疇之內，是不可以隨意亂做亂說的。輕者會傷及你和同事之間的感情，重者會危及你的飯碗。記住「群居守口」這句話吧，不要禍從口出，否則你後悔也晚矣！

玩笑，玩笑，笑了好玩。只要你能把握好限度，適當開開玩笑，會拉近與同事的距離，讓同事之間的良好關係在歡聲笑語中成長。

工作祕笈

千萬不可越權行事

越權是辦公室裡最不能容忍的行為。作為上司，你的越權是對下屬的不信任；作為同事，你的越權是對他人工作的無理干涉；作為下屬，你的越權是對上司的蔑視。

每個人都有屬於自己的「領地」，只不過當它以無形的方式表現出來的時候，就常常容易被忽略，而這也恰恰是最易出問題的時候。

所有動物都有領土意識，大至獅子老虎，小至老鼠昆蟲，無不如此。我們家裡養的寵物也是這樣，像狗，它們在住處四週撒尿，就是在劃領土，警告別的狗別越界闖進，若哪隻狗闖了進來，便上前趕走。

「領土意識」基本上就是自衛意識，同樣，人的表現，雖不像動物那樣直接明瞭，但自衛意識同樣強烈，只不過在方式上有所不同。如果不注意這一點，就很容易自討沒趣，甚至遭到迎頭痛擊。人最基本的領土意識就是家庭，誰若未經同意闖入，輕者遭責罵，重者恐怕要遭一頓毒打。不過，會犯這種錯誤的人不多，倒是很多人在辦公室裡忽略了這一點。如，未經同意就坐在同事的桌子或椅子上，坐在主管的房間裡，到別的部門聊天等等。

你不要以為這沒什麼，或是有「我又沒什麼壞念頭」的想法，事實上，你的舉動已經侵犯到了別人的領土，對方是會感到不悅的。這不悅不會立即表現出來，也不會像狗或蝴蝶那樣把你「驅逐出境」，但這不悅會藏在心底，對你有了壞的印象，甚至懷疑你對他到底有什麼企圖？或是來刺探什麼？……你不能怪別人這麼想，因為有這種想法是非常自然的，換成是你，也是如此！所以，別人的工作地方，沒有必要時，不要隨便靠近。

還有一些「領土」是抽象的，但同樣不可侵犯。比如工作的職權範圍，要隨時牢記「不在其位，不謀其政」的古訓，因為無論多麼開放的職場，界線永遠存在。你不要越線去「指導」別人，也許你是出於一片好心，問題是對方是不是領你的情。許多時候你的「熱心」往往在別人看來是「別有用心」，這豈不是得不償失。有句俗話說：「狗拿耗子，多管閒事。」按理說，誰能「拿耗子」對主人來說都是一樣的，但對貓來說，問題就不這麼簡單了。

貓有理由認為拿耗子是它分內的事，不用「狗」來管，狗去看好門就是盡責了。其實，這裡的「領土範圍」之爭有一個明顯的顧慮，如果主人有

一隻既會看門又會抓耗子的狗，他還要貓做什麼，狗的好心被視為「搶飯碗」。

而且幫助別人做事往往會使被幫助的人接受這樣一種暗示：「你自己的事都做不好，你很無能，我比你強。」這種暗示讓人多麼不舒服就可想而知了。

特別要強調的是，如果你還是某個部門的主管，那就更要注意。

有時，你的部門一時人手不夠忙不過來，此時切不可以因為你的職位，而不透過其他部門的主管就隨意呼叫該部門的人員。對該部門主管而言，你是「手太長」，沒把他放在眼裡；對被呼叫人員而言，心中也充滿不平：「你算哪兒的？你管我？」這些通常不會顯露在臉上，你不要傻乎乎地以為人家都很願意幫你似的。然而實質上，你已經「侵犯」別人的「領土範圍」了。

還有一種情況，是過於依賴個人的關係而忽略應該走的「過場」，這也是一種「領土」侵犯行為。

比如，你與打字室的某人關係不錯，因此你便直來直去，把一些要打字的文件直接塞到打字人的手中，全然忽略了打字室的主管。這是最容易得罪人的一種行為，這無異於是對其「領土」的「公然踐踏」，本來忙的都是公事，卻不知已結下了「私怨」。

應切記，你所代表的是一個部門而不只有是你個人，這樣你的行為往往被人們上升為部門行為，所以更要小心。這種領土意識看起來很無聊，但卻是存在的，如果你不注意而侵犯了別人的領土，是會惹出你想也想不到的麻煩的。所以，「相互尊重主權和領土完整」是「和平共處」的基礎，國際政治尚且如此，人際關係也自然是如此。

工作祕笈

別在背後議論別人

在辦公室中，很容易碰到愛在背後議論別人是非的人，這種人幾乎每個部門都有，發表言論不找當事人，甚至也不在公開的場合，而是躲在背後議論紛紛。

喜歡在背後議論別人是非的人，往往沒有什麼好下場。在背後議論人，自然會得罪當事人，時間長了，你就成了「萬人嫌」。同事們都生怕成為你議論的對象而敬而遠之，上司更害怕成為你議論的對象而將你打入冷宮，你在部門裡自然不會有好的發展。

一個人在工作中，無論跟上司還是同事，都難免就某一件事產生意見分歧，甚至導致很深的矛盾。你如果想澄清自己的意見，表明自己的觀點，就應該找當事人當面探討。切忌當面不說，背後亂說。即使你的意見是正確的，甚至你被冤枉了，如果你選擇了「在背後議論別人是非」這種小人行為，就等於自己認輸，而且也不值得同情。這正所謂「失道寡助」。

有意見，當面提，即使不能消除分歧，或者改變既成事實，但你讓對方感受到了你的力量，這樣會提醒他以後注意考慮你的意見。而且，有意見當面澄清，是一種光明正大的行為，會防止彼此產生過節。如果你躲在背後議論對方，發洩不滿，即使彼此沒有隔閡也會產生隔閡，甚至會產生不必要的衝突。對方一旦與你為敵，這本「陳年老帳」隨時會被翻出來，變換成合理的藉口，制約你的職場發展。

史帝夫是公司業務部的精英，多次獲得公司優厚的年終獎金。年底又到了，史帝夫根據考核辦法，算出自己又可以拿到二十萬元獎金，便提前與女朋友計畫這二十萬元該如何花用。最後決定，存十萬至銀行，另外十萬當做旅遊基金。

當年終獎金發放時史帝夫卻發現自己並沒有得到。是不是相關人員疏忽把自己漏掉了？史帝夫帶著疑問找到業務部經理。經理說：「我們這次考核，是績效考核加表現考核，不只是看績效，還要看平時的表現，如個人形象、是否具備團隊合作精神等等。你想想看，自己在別的地方有沒有做得不夠的地方。」

史帝夫不由得低下頭去思考。

經理提醒說：「年中時你跟凱文爭業務地盤，沒有一點團隊的合作精神？而且替公司製造了些不好的影響。這是你今年沒有拿到年終獎金的主

要原因。」

史帝夫跟凱文所爭的「地盤」，是一家大客戶。原來是凱文開拓的市場，後來那家大客戶的部門經理易人，史帝夫的同學走馬上任。史帝夫就去拜訪同學，想把業務規劃到自己名下。凱文將這件事告訴部門經理，部門經理出面批評了史帝夫，史帝夫才撤出去。

史帝夫一肚子氣離開經理的辦公室。他以為，自己落選主要是經理在作祟。績效考核，主要看業績，這是明確的指標，別的都是不明確的指標，說你達到標準就達到標準，說你沒有達到標準就是沒有達到標準。他若沒有團隊合作精神，就不會聽經理的意見，早把「地盤」搶到手了。還有，那獎金是公司裡出，也不是經理自己掏腰包，經理是嫉妒才把他拿下來的。

史帝夫越想越氣，不自覺地找到幾個平時關係不錯的同事傾訴，發洩不滿，說經理的壞話。

不久公司大裁員，史帝夫赫然出現在名單上。自己是業務精英，是不是搞錯了？史帝夫找老闆詢問。沒錯，他的解僱理由是：缺乏團隊合作精神。

史帝夫不理解，那件事過去半年了，自己跟凱文早就和好了，怎麼又扯出來大做文章呢？

後來一個知情的同事告訴他，他在背後說經理壞話的事傳到經理耳朵裡了，經理怨氣難平，自然力主裁掉他。

在背後議論上司，豈不是把「小辮子」往人家手裡塞嗎？

有的人不但好在背後議論別人是非，而且喜歡對當事人評頭論足、搬弄是非、說人長短等等。這類型的人一般都是不會有好人緣的人。

保羅就是一個喜歡在背後議論是非的人，可悲的是，他還自以為人緣不錯。他還在沾沾自喜呢，連以前參與議論的同事也開始躲著他了。誰願意將把柄留給一個這類型的人呢？他最後落得人人討厭、人人躲避的下場。

公司每年都會實行「末位淘汰」，其中的一個環節是進行民意測評。這個環節有時候僅是一個形式，有時候卻能發揮作用。保羅的部門共十個人，認為他工作能力差的票是九票，他不得不在眾望所歸中離開公司。

其實，他的同事都想讓他離得遠遠的，於是就藉著民意測評，讓老闆將他打發走了。

有些員工，可能出於一箭雙鵰的目的，喜好單獨找上司指責別人，好像這樣既向上司表示了忠誠，又打擊了同事。比如：「茱蒂昨天又偷拿了一疊影印紙，我都提醒她好幾次了，她還是屢教不改。」「我真擔心這個企

劃案不能按時完成。陶德負責的那組調查數據，拖了好幾天了還沒搞定。」

在這些人眼裡，別人怎麼也有毛病，似乎只有他是完美的；別人似乎都是上司的敵人，只有他是上司的心腹。當然，這些人這麼做的最終目的是為了取悅上司，獲得上司的重用。

精明的上司一般是不會吃這一套的。如果他重用你，你會不會用同樣的手段來對付他?也就是單獨跑到他的上司那裡去指責他?這種可能性是非常大的。所以，精明的上司可能暫時利用你駕馭你的同事，而不會重用你。如果你老是喋喋不休地在他面前指責別人，可能會讓他感到潛在的威脅，找個理由就把你打發掉了。

艾玲是公司企劃部的元老，她經常一個人跑到部門經理那裡指責同事。經理一般是笑瞇瞇地傾聽，她以為獲得了經理的賞識。

公司根據發展需要，為了開發一項新業務，單獨成立了一個辦公室，從各部門抽調人員組成。艾玲接到調職令後，急忙找部門經理。她不想離開企劃部，因為她的職位是個肥差，況且那項新業務現在看起來還不明朗。

經理笑瞇瞇地說：「公司抽調你是經過慎重考慮的。你是公司的老員工了，經驗豐富，那可是非常重要的工作，一般人不能勝任。再說，現在調職令已經下了，不可能變更了。」

艾玲又去找老闆，得到了與經理一樣的答覆。她只好服從公司的安排。她哪裡知道，自從她去經理辦公室告同事的刁狀，經理就一直想找機會調開她了。

背後議論別人的是非，自然希望自己不被暴露，別讓當事人知道，這就期望參與議論的人為自己保密。事實上，這幾乎是不可能的。有句話講：「沒有不透風的牆。」還有句話講：「要想人不知，除非己莫為。」就是最有力的證明。

有人曾做過一個實驗，故意在辦公室裡放出風聲，告訴了身邊同事一條無關緊要的花邊新聞，並叮囑同事不要講出去，結果這條新聞很快透過別人傳了回來。

所以，要想自己背後議論別人的事不被傳出去，最有效的防範措施就是不要在背後議論別人。

工作祕笈

主動承擔更多的工作

在辦公室裡，經常有額外的工作任務在你要休息的時候來臨。這時，你將如何應對？不同的人有不同的選擇：有的人認為分內的事完成了，就該回到屬於自己的空間，盡情地娛樂和休息；有的人則認為只要有工作，就要把工作排在第一位。

拿破崙・希爾曾經聘用了一位年輕的小姐當助手，替他拆閱、分類及回覆他的大部分私人信件。當時，她的工作是聽拿破崙・希爾口述，記錄信的內容。她的薪水和其他從事相類似工作的人大約相同。有一天，拿破崙・希爾口述了下面這句格言，並要求她用打字機把它打下來：「請記住！你唯一的限制就是你自己腦海中所設立的那個限制。」

當她把打好的紙張交給拿破崙・希爾時，她說：「你的格言使我獲得了一個想法，對你我都很有價值。」

這件事並未在拿破崙・希爾腦中留下特別深刻的印象，但從那天起，拿破崙・希爾可以看得出來，這件事在她腦中留下了極為深刻的印象。她開始在用完晚餐後回到辦公室來，並且從事不是她分內而且也沒有報酬的工作。並開始把寫好的回信送到拿破崙・希爾的辦公桌來。

她已經研究過拿破崙・希爾的風格，因此，這些信回覆得跟拿破崙・希爾自己所能寫的完全一樣好，有時甚至更好。她一直保持著這個習慣，直到拿破崙・希爾的私人祕書辭職為止。當拿破崙・希爾開始找人遞補這位男祕書的空缺時，他很自然地想到這位小姐。但在拿破崙・希爾還未正式給她這項職位之前，她已經主動地接收了這項職位。由於她在下班之後，以及沒有支領加班費的情況下，對自己加以訓練，終於使自己有資格出任拿破崙・希爾屬下人員中最好的一個職位。

不只有如此，由於這位年輕小姐的辦事效率太高了，拿破崙・希爾已經多次提高她的薪水，她的薪水現在已是她當初來拿破崙・希爾這兒當一名普通速記員時的四倍。她使自己變得對拿破崙・希爾極有價值，因此，拿破崙・希爾不能失去她做自己的幫手。

這就是進取心。正是這位年輕小姐的進取心，使她脫穎而出，可謂名利雙收。

上面的事例告訴我們，進取心是一種極為難得的美德，它能驅使一個人在不被吩咐應該去做什麼事之前，就能主動地去做應該做的事。

胡巴特對「進取心」做了如下的說明：

「這個世界願對一件事情贈予大獎，內含金錢與榮譽，那就是『進取心』。」

「什麼是進取心？我告訴你，那就是主動去做應該做的事情。」

「只有次於主動去做應該做的事情的，就是當有人告訴你怎麼做時，要立刻去做。」

「更次等的人，只在被人從後面踢時，才會去做他應該做的事。這種人大半輩子都在辛苦工作，卻又抱怨運氣不佳。」

「最後還有更糟的一種人，這種人根本不會去做他應該做的事。即使有人跑過來向他示範如何做，並留下來陪著他做，他也不會去做。他大部分時間都在失業中。因此，易遭人輕視，除非他有位有錢的老爸。但如果是這個情形，命運之神也會拿著一根大木棍躲在街頭拐角處，耐心地等待著。」

你屬於上面的哪一種人呢？如果你想成為一個不斷進取的人，就要把拖延的習慣從你的個性中除掉。這種把你應該在上星期、去年或甚至於十幾年前就要做的事情拖到明天去做的習慣，正在啃噬你意志中的重要部分，除非你革除了這個壞習慣，否則你將很難取得任何成就。

工作祕笈

比別人付出更多的努力

俗話說：「天道酬勤。」願意比別人多努力的人，即使自身資質有限也遲早會取得成就。

湯姆．布朗溫講過自己親身經歷過的故事對我們頗有啟發：

我天性笨拙，這一點在我大學畢業時我的導師威爾先生對我早有評價，他說我是一個勤奮的人。威爾先生最欣賞的一句話就是「勤能補拙」，他評價一個人勤奮往往就暗示了這個人可能是笨拙的，因為他常常說，勤奮的品質是上帝給笨拙的人的一種補償。我相信我就是得到上帝這種補償最多的人。

就在大學畢業這一年，我接受威爾先生的推薦到安東律師事務所應試，這是倫敦最著名的一家律師事務所，很多日後成名的大律師都是在這家事務所裡接受起初的訓練而走上成功之路的。這裡的工作以嚴格、準確和講求實效而著稱。

臨出門前，母親很正式地告誡我要學得聰明些，不要思想不靈活，舉止遲鈍地讓人看作是個傻瓜。母親聲明這也是父親的想法。這麼多年來，我

第一次發現父親對母親的話投以認同的微笑和點頭。平日他們總要為哪怕一個詞的細微差別辯論上半天。我吻了吻母親的前額，輕聲地說：我會做好的，請放心吧。但實際上直到我邁進事務所的大門時心裡還是一片茫然：如何才算做得聰明呢？

來應試的人很多，他們個個看起來都很精明，我努力地讓自己面帶微笑，用眼睛去擷取監考人員的眼神。無疑，給他們留下機靈的印象，對我的錄用會大有幫助。但這一切都毫無用處，他們個個表情嚴肅，忙著把一大堆資料分發給我們，甚至不多說一句話。

發給我們的資料是很多龐雜的原始記錄和相關案例及法規，要求我們在適當的時間裡整理出一份盡可能詳盡的案情報告，其中內含對原始記錄的分析，對相關案例的有效引證，以及對相關法規的解釋和運用。這是一種很枯燥的工作，需要極大的細心與耐心。威爾先生曾經為我們詳細講解過從事這種工作所需的規則，並且指出，這種工作是一個優秀律師必須出色完成的。

我周圍的人看起來都很自信，他們很快就投入到起草報告的工作中去了，我卻在翻閱這些資料時陷了進去，在我看來，原始記錄一片混亂，並且與某些案例和法規毫無關聯，需要我先把它們逐一甄別，然後才能正式起草報告。時間在一分鐘一分鐘地流逝，我的工作進展得十分緩慢，我不知道要求中所說的「適當的時間」到底是指一個小時還是兩個小時，我發現如果讓我完成報告，可能至少需要一個緊張的晚上。可是周圍已經有人完成報告交卷了，他們與監考人員輕聲的交談聲幾乎使我陷入了絕望。越來越多的人交卷，他們聚集在門外等待所有的人都完成考試後聽取事務所方面關於下一步考試的安排，當時我也認為安東事務所的考試不會只有這一項。他們一起議論考試的嗡嗡聲促使屋子裡剩下的人都加快了速度，只有我，腦子裡一遍又一遍地想著母親的忠告：要學得聰明些。但我怎麼才能聰明些？我實在做不下去了。

終於，屋子裡只剩下我一個人面對著只完成了三分之一的報告發呆。一個禿頭男人走過來，拿起我的報告看了一會兒，然後告訴我：你可以把資料拿回去繼續寫完它。

我抱著一大堆資料走到那一群人中間，他們看著我，眼睛裡含著嘲諷的笑意。

我知道在他們看來，我是一個要把資料抱回家去完成的十足的傻瓜。

但事實上安東事務所的考試只有這一項，這一點出乎我們的意料。母親對我通宵工作沒有表示過分的驚訝，她可能認為我肯定會接受她的忠告，已經足夠聰明了。我卻要不斷地克服沮喪情緒說服自己完成報告並在第二天送到事務所去。

事務所裡一片忙碌。禿頭男人接待了我，他自我介紹說是尼克．安東，事務所的負責人。他仔細翻閱了我的報告，然後又詢問了我的身體狀況和家庭情況。這段時間裡，我窘迫得不知所措，回答他的問話顯得語無倫次。但在最後，他站起來向我伸出手，說：「恭喜你，年輕人，你是唯一被錄取的人，我們不需要聰明的提綱，我們要的是盡可能詳細的報告。」

我興奮得快暈倒了，我想回家去告訴母親，我成功了，但我並沒有學會聰明。

成功學大師拿破崙．希爾指出：「如果你願意比別人付出更多的努力，遲早會得到回報。你所播下的每一顆種子都必將會發芽並帶來豐收。多付出一點點是一種經過幾個簡單步驟之後，便可付諸實施的原則。它實際上是一種你必須好好培養的心境；你應使它變為成就每一件事的必要因素。……記住，你一生中所得到最好的獎賞，就是你以正確心態付出積極的努力而為你自己帶來的獎賞。」

工作祕笈

人情不要輕用

在辦公室時，往往你多做一點，同事所擔的分量就少一點。比如，同事因趕任務加班，你下班後主動留下協助，對方就因此欠你一個人情，但人情不要輕用。要想得到可觀紅利，必須學會不誇張、不張揚。

為同事做了事，送了人情，等大功告成，他便不知道自己姓什麼了，簡單的說成複雜的，小事說成大事，生怕人家忘了。

好比有一個人，他幫朋友解決了借貸難題。以後他每次碰上朋友，聊著聊著就到了這個問題上，說一兩個情節，以說明他的本事有多大，久而久之，他的朋友怕他了，見了他遠遠地躲開。

這叫賠了夫人又折兵，人情送足了，卻因人情的善後問題功虧一簣。沒有同事會因為你不說，就忘記你送的人情，多說反倒無益。人家可能儘快地還你一個人情，之後會敬而遠之，即使你再有能耐，別人亦會另請高明。

所以，做足了人情，給夠了面子，你該坐享其成，不要誇大其詞，最好不誇功，甚至不認帳。你不認，並不等於朋友不清楚。

中國有句話叫「天知、地知、你知、我知」，就是說，我們倆的這點事，

你知道我知道天知道地知道也就夠了，沒必要再讓第三者知道。這樣，你記著我的好處，我記著你的好處，將來怎麼辦你我心裡有數。

而張揚的原因不外乎兩個，一是嘴巴不嚴，不知不覺、下意識地就說出來了；二是人愛炫耀，在別的同事面前顯示你的本事。看似你很能幹，但你收穫的無非也是兩個：一是得罪了請你辦事的同事，他覺得你是在眾人面前貶低他；二是會讓聽的同事討厭，人家會想：這人怎麼這樣，以後我可不求他，說不定將來也會說出去。

所以，要看好自己的嘴巴，事情過去了，就讓它過去，該怎麼做還是怎麼做，總有一天，人家會好好回報你。

若想紅利可觀，還有一點該掌握，那就是人情輕易不用，不給對方機會，讓他一直記掛在心上，久而久之，就像陳年的酒，越陳越醇，口味無窮。

假如你十分賣力地做了人情，同事舉手之勞就還回來，這就虧本了。

比方說，你的同事在半夜兩點打電話給你，說他的母親病了，需要急送醫院，他知道你在醫院裡有熟人。於是你帶著睡意起床，披星戴月去醫院找熟人，找車去同事家……一夜忙下來，你連第二天上班都沒精打采。隔了幾天，同事趕來謝你，並說他明天去上海出差，需不需要點什麼：你剛要說不需要，你的兒子在旁邊來了一句：「我要吃『大閘蟹』」，你想挽回都來不及。等同事出差回來，不僅有「大閘蟹」，還帶了許多其他的名產。

這就是虧本，人情雖然可以用錢或物來表現，但絕不能用錢或物來衡量。你的半夜三更的人情，人家去了一趟上海就算完了。

所以，投資之後，人情不要輕用，輕用會讓你得不償失。

人情不輕用，但用的時候要用足。因為，人情一般而言只能用一回，一回用過，下回再去找人家，人家就會說你得寸進尺。

用足的意思是，用人情的分量要與你送同事的相一致，或者稍高一點。

為了避人閒話，一個同事想安排一個關係戶到你的「門下」，你幫他安排了，他欠你的一個人情，千萬別急著用，緩一個階段，你完全可以讓他為你安排一個空缺，到他的「門下」，這樣一來一往，同事不會有異議，因為二者相當，不沾光，亦不吃虧。

【第二章】走得太近都會造成傷害

如果不注意保持距離，常常是物極必反。跟主管走得越近就越容易被抓住把柄；跟同事、下屬越熟就越容易造成傷害。

工作祕笈

不可和老闆坦誠相見

知心朋友是人們遇到煩惱和挫折時的精神寄託，找知心朋友傾訴，就可以得到對方的安慰和理解。有些辦公室成員潛意識裡想把老闆當作知心朋友，但當他們試圖去這樣做時才發現：老闆就是老闆。

這些試圖與老闆坦誠的員工忘記了辦公室裡的基本規則：老闆與員工之間是對立關係。

雖然說在公司裡，老闆和員工應該互相合作，共同推動公司的發展，贏得雙贏。但是，只要深入分析後就會發現，老闆與員工之間的工作關係，本質上是對立的。

首先是管理與被管理的關係。

在公司裡，老闆是絕對的領導者，他習慣於向員工發號施令，即使決策失誤，也是他自己的事。而員工是老闆管理的對象，是被管理者，他必須聽從老闆的指令，執行老闆安排的工作，即使老闆錯了，在提醒老闆依然無法改變老闆的決定後，還是要無條件地執行，除非你做好丟掉工作的準備。

其次是僱佣與被僱佣的關係。

老闆是僱佣者，員工是被僱佣者，老闆給員工提供工作機會，員工為老闆服務，為老闆創造效益。這種關係並不是永久的，隨著公司的發展，老闆可以解僱員工，員工也可以主動解除勞動關係，辭職走人。

第三是最根本的利益不同。

二〇〇四年十月，一篇《裁員紀實：公司不是我的家》的文章在網上廣泛流傳。文章稱，老闆最關心的是公司的利益，也就是他自己的利益，這是他的根本利益。員工也關心公司的利益，因為只有公司發展了，員工的利益才會得到保障，並有升遷的可能。但員工最關心的是自己能從公司的利益裡獲得多少，是否合理。老闆是以員工為公司創造效益的多少來衡量員工的，而員工是以能從公司獲得多少來衡量老闆的，所以，一旦達不到雙贏，老闆與員工之間的和諧就會被打破。

在現代企業裡，老闆和員工只有限於一種工作關係。老闆給員工提供工作機會，員工給老闆創造效益，就是這麼簡單。這與傳統的企業有很大的不同。在計劃經濟時代，員工進企業加入工作後，似乎把自己的一切都交給企業了。不但工作上有什麼事都需要告訴老闆，連家庭瑣事也找老闆傾訴，比如：夫妻不和，對方跟哪位同事關係不好，自己家庭遭遇了什麼困難，請老闆給親屬安排工作等等。在現代企業裡，如果員工再把與工作無關的事情都告到老闆那裡，老闆一般懶得管，並容易引起老闆的反感。

如果你把老闆當作知心朋友，滿腔熱情地找老闆傾訴，不知你想沒想過老闆的感受，他是否也把你當作知心朋友？

如果老闆當初與你地位相同時，曾經是知心朋友，也許老闆念及舊情，還把你當作知心朋友看待，那你不妨跟他傾訴與工作無關的事情，並尋求老闆的幫助。如果老闆擺出一副高高在上的樣子，顯然是提醒你注意：現在你們的身份已經有所不同了。這時你就不要再把他當作知心朋友，公事公辦，私事也不要帶到公司裡來。

一般員工與老闆並沒有特殊關係，這時向老闆傾訴家長裡短，老闆一般都會很反感，但礙於情面，老闆不會當時給你難堪，一般會提醒說：「對不起，現在是上班時間，我很忙。」如果你以老闆的知心朋友自居，認為向老闆傾訴是天經地義的事情，賴著不走繼續傾訴，就會惹惱老闆。老闆會陰沉著臉說：「你先回去吧，我馬上要開會。」甚至將你轟出去。這樣，你給老闆留下的印象就不只是不好，而且是惡劣了。

與老闆傾訴私事，不但讓老闆覺得你公私不分，而且有侵占公司利益的嫌疑，當然，讓老闆最直接感覺到的就是你沒有自知之明。給老闆留下如此印象，你就別指望在公司裡獲得好的發展了。趕上裁員的機會，老闆一個藉口就炒你的魷魚，即使不辭退你，也會將你打入冷宮。

有的老闆性格外向，而且平易近人，很容易吸引員工向他靠攏，甚至消除員工的戒備心理，把隱藏在內心深處的想法毫無保留地傾訴出來。但如果你跟老闆坦誠，可以說是犯了職場中的大忌。一般而言，隱藏在內心中的想法，都屬於心中的祕密，是不適宜拿出來公開討論的。如果你什麼都跟老闆講，你就成了透明的，老闆就完全掌握了你的情況，在對你的管理中就完全占據了主動。特別是你把自己的弱點暴露給老闆，你就成了老闆手中任意宰割的羔羊。

丹尼是一家電腦公司的技術人員，跟老闆相處得就像死黨般。一天下午，丹尼加班加得很晚，老闆請他吃晚飯。幾杯酒下肚，丹尼頭腦不加思索，說他也想開一家電腦公司。

老闆一愣，但很快恢復了表情，並鼓勵丹尼說：「年輕人就應該有衝勁，我支援你。」

丹尼說：「我現在的技術還說得過去，但對銷售還是一知半解。」

老闆說：「一邊工作一邊學習嘛。憑你的能力，再做個兩年就能獨當一面了。」

丹尼說：「你放心，兩年之內我是不會走的。」

一週後，公司又招聘了一名技術人員，丹尼也接到了解聘通知。丹尼一臉茫然，找老闆詢問。老闆一本正經地說：「在我的公司裡，你已經沒有什麼需要學習的了。你應該多做幾家公司，多累積點經驗。我是從你的自身發展考慮才忍痛割愛的。」

丹尼驀然醒悟自己為什麼被炒魷魚了，都是因為自己跟老闆坦誠，才讓老闆抓住如此「富有人情味」的把柄！

同樣，員工若把老闆當做知心朋友，就容易忘記自己在公司的角色，向老闆提一些不該提的建議，如，「新的一年開始了，為了提高員工的積極性，是不是該給員工加薪了？」甚至這樣向老闆表述：「我認為，為了提高員工的積極性，應該給員工加薪。」雖然你的本意是為公司著想，但加薪是老闆決定的事，即使真的應該加薪，也輪不著你提出相關的建議。況且，你站在員工的立場上提讓老闆為難的建議，讓老闆覺得你代表員工跟他作

對。長此以往，你就成了老闆的眼中釘，成為老闆裁員的首要人選。

肯尼是公司的管理人員，跟公司老闆是高中同學，所以一直把老闆當作知心朋友看待，經常向老闆提一些與自己工作無關的建議，為員工爭取利益。雖然老闆很少採納肯尼的建議，但久而久之，肯尼便贏得了「工會主席」的綽號。肯尼很得意，卻引起了老闆的極度反感，將他調到分公司，放到了一個無足輕重的職位上。

肯尼不服，質問人事部。人事部答覆的理由是：不熱愛本員工作，缺乏敬業精神。

肯尼琢磨了一番才醒悟，不由得黯然神傷：自己把老闆當作知心朋友，沒想到老闆卻把他看作普通員工！他越想越心灰意冷，最後主動辭職。

在辦公室中，員工不要妄想成為老闆的知心朋友，這條捷徑是行不通的。即便老闆主動對你好，想與你交朋友，也得注意彼此間保持距離。想成功，就要在職位上扎紮實實地做事，用優異的成績來贏得老闆的青睞而非友誼，這種「傳統」的方法才是最保險的。

工作祕笈

千萬別抓上司的「小辮子」

跟上司走得近，就成了上司的人，自然就更容易獲得晉升的機會，這是辦公室中芸芸眾生的普遍看法。於是，有的辦公室成員為成為上司的心腹，處心積慮地接近上司，也得到了上司的賞識，但卻因為自己偶爾的一個「不小心」，反而影響了自己的前程。

中國有句古話：「伴君如伴虎。」意思是說陪伴君主就像陪伴老虎似的，在君主身邊轉來轉去，稍有閃失就會招來殺身之禍。還有一句古話：「山高皇帝遠。」意思是說離皇帝越遠，受到的牽制就越少，就越自由。這兩句話其實都在談君臣之間的距離所帶來的後果。在辦公室裡同樣如此，員工離上司太近，常一不小心就會把上司得罪了，很大一方面是因為你不經意間發現了上司的隱私。如果跟上司保持一定的距離，就會避免這種事情的發生。

一個人的隱私是最不願意被人看到的，上司的隱私更是如此。不管你是有意還是無意，一旦當著上司的面知道了他的隱私，尷尬之後你們的關係也將產生改變。儘管以後你們誰也不想表現出來，但實際上已經發生了根

本的變化。你們之間曾有的和諧就會被打破，並很大程度上朝著不利的方向發展。沒有哪個上司希望窺見自己隱私的下屬老在眼前晃來晃去的，所以他即使有所顧忌不解僱你，也會找機會將你踢得遠遠的。

有的員工認為，知道了上司的隱私，等於抓住了上司的「小辮子」，上司會把他當作心腹，或者偏袒他。殊不知，知道了不該知道的事，自然對上司構成了一種威脅，當上司感受到這種威脅的壓力時，他必然會除之而後快。

大衛經過一輪又一輪的考試，終於如願以償地進了一家電腦公司。他謙虛好學，動作迅速，又懂得察言觀色，很快就贏得了主管的好感，主管對他格外關照，經常對他的工作進行指導。大衛為了表示感激，經常主動跑腿幫主管辦一些無關緊要的瑣事。由於兩人住在同一個方向，下班後主管常讓大衛搭便車，漸漸地，兩人的關係就超出了普通的上司與下屬的關係。即使在公司裡，大衛在主管面前也沒有一點拘束感。

有一次加班，完工後上司讓大衛跟同事們先走，他還有一點兒工作要處理。大衛在公司附近的快餐店吃過晚飯，忽然想起主管還沒有吃晚飯，就買了一份晚餐給主管送去。主管的房門虛掩著，他沒敲門就闖了進去，結果看見主管的懷裡坐著自己的女同事。兩人先是一陣慌亂，然後又裝出一副若無其事的樣子。大衛的臉倒是紅了，他把晚餐一放，趕緊溜了出去。

大衛不明白，女同事跟自己一起離開公司的，怎麼又回來了？

大衛更不明白，平時主管挺正派的，已經結婚的人，怎麼又跟下屬勾搭上了？

後來大衛發現這些問題對自己都無關緊要，重要的是他在面對主管和女同事時的尷尬。儘管他們都裝出什麼事都沒發生的樣子，可是大衛發現，女同事刻意躲著他，主管對他客客氣氣的，下班後也不邀請他搭便車了。

大衛思來想去，為了表明自己的態度，他給主管發了一封電子信件：

「我是一個開明的人，也是一個寬容的人，我不會做傻事的。」

此後，大衛跟主管的關係還是沒有什麼改善。有一天，公司裡忽然傳出主管跟那個女同事關係曖昧的消息，大衛感覺到主管對他的態度明顯惡化了。其實，大衛並沒有透露這件事，是主管跟女同事幽會時被其他部門的人發現並傳播的。但主管卻認為是大衛所為。大衛開始還想找主管解釋，但是想到事情會越描越黑，就只好任憑事態發展了。

不久，公司在一個偏遠的地區成立辦事處，大衛被調到了那個誰也不願

去的地方。剛開始，大衛不想去，他到公司人力資源部質問，得到的答覆是：年輕人需要到接受更多的鍛煉。公司認為你是一個開明和寬容的人，不會對這次調動持有不同意見。

大衛沒想到自己向主管表明態度的措辭，竟成了公司「發配」他的理由。大衛之所以被「發配」，還是由於他沒有把握好自己與主管之間的距離，看見了不該看見的上司隱私。他雖然主動向上司表態自己不會做傻事，但一旦消息外露，無論是不是你所為，上司在情急之下都會認定是你傳出去的。因為上司知道你抓了他的「小辮子」，不是你還有誰？打擊報復也自然隨之而至。

工作祕笈

與上司關係不遠不近

在辦公室裡，員工跟上司走得太近，就會被認為是上司的人，被同事看作上司的心腹和安插在他們之中的間諜，自然會引起同事的反感；跟上司走得太近，就可能得到上司的關照，自然會引起同事的嫉妒，就會導致跟同事之間的關係緊張，從而失去同事的支援和幫助3。

傑夫在公司裡有個綽號叫「馬屁精」，當然，同事都在背後這樣稱呼他。因為他跟主管走得很近，關係很親密。主管也經常給他關照，同事們都以為這是他向主管打小報告得到的回報。

一天，傑夫家裡發生了一件緊急的事，需要他出面處理。他手頭上的企劃案還沒有完成，而那天又是最後的期限。他只好找同事幫忙，幫他把企劃案的後半部分完成。同事一本正經地對他說：「你跟主管那麼好，讓主管寬限一天，要不就讓主管幫你完成。」他又去找別的同事幫忙，沒想到同事眾口一詞拒絕了他，都是同樣的藉口。

員工跟上司之間，距離太遠容易被上司忽視，距離太近又會招惹麻煩，不遠不近自然是最適宜的。你應該把握以下幾點：

1. 與上司單獨相處的時間不要過長

去老闆的辦公室報告工作，或者請示問題，要速戰速決。時間過長，就會讓人覺得兩人的關係很親密。在公共場合，無論交談還是娛樂，跟上司待在一起的時間更不要過長，那樣最容易引起別人的關注和猜疑。如果你跟上司上下班走同一條路線，要減少一起上下班的次數。如果上司請你搭他的便車，你要委婉地拒絕。

2. 不要跟上司有親暱的舉動

同性之間，無論你的上司多麼隨和，即使他毫不介意，也不要跟他發生親暱的舉動，那是你們關係親密無間的最有力的證據。異性之間，更不該對你的上司有親暱的舉動，那會給別人留下關係曖昧的印象。

3. 減少跟上司開玩笑的次數

在適宜的時間和地點，跟上司開個並不過分的玩笑，倒也無妨。但經常跟上司開玩笑，就會讓人覺得兩人的關係不同。

4. 儘量別出現在上司的生活裡

有的上司喜歡讓下屬幫忙做一些私事，你答應做了，不但會犧牲自己的時間，還會引起別人的猜疑；如果你拒絕，可能會抹了上司的面子。實在沒有恰當的藉口，偶爾幫忙一次也行，但第二次一定要想方設法委婉拒絕。

把握好了與上司的距離，既不被同事反感，又不會被上司忽視，自然能夠使你在辦公室中贏得廣泛支援，何樂而不為呢？

工作秘笈

與同事不即不離

美國著名的管理學專家馬斯・凱勒曾用一個形象的比喻來說明辦公室裡的同事關係：有兩隻刺蝟在寒冷的季節互相接近以便取得溫暖，可是過於接近彼此會刺痛對方，離得太遠又無法達到取暖的目的，因此它們總是保持著若即若離的距離，既不會刺痛對方，又可以相互取暖。

同事之間過於親密，不但會像刺蝟那樣刺痛對方，還容易互相掌握對方的「隱私」，影響各自在公司裡的發展。

尋求知己，在情緒低落的時候獲得安慰，在有困難的時候獲得幫助，是人的一種正常的心理需求，但是，知己難尋，才有了「人生難得一知己」的感慨。知己是人的另一半，但是無論兩個人脾氣多麼相投，也是兩個個體，受兩個大腦支配，所以不可能總是想法完全相同，也就有了知己變仇人的一幕幕悲劇。

所謂知己，是指兩個人毫不保留自己的心事，甚至將隱私也袒露給對方。但是，你一旦在對方的眼裡變得透明，沒有一點隱私，從某種意義上而言，對方就完全控制了你，你必然受對方牽制，不自覺地依附於對方。

在生活中，沒有什麼大的利益衝突，這種潛在的危險往往表現不出來。但在辦公室這樣一個充滿了激烈競爭的地方，一個追求最大物質利益的場所，你的那些隱私，就會成為對方的把柄，在顧及不到你的時候，對方就會捨你而取他了。

所以，同事之間應該「君子之交淡如水」，泛泛之交而不是真情投入，做一般朋友而不是知己。朋友情緒低落的時候，你給予安慰；朋友生病的時候，你端上一杯熱水，並真誠地問候；朋友有困難的時候，你要力所能及地給予協助，但不可把你的心扉完全向朋友敞開，將自己的隱私向對方傾訴。這樣，你就不會被對方刺痛了。

約翰和喬治雖然家境不同（約翰家境富裕，喬治家境貧寒），兩個人卻成為了知己。他們是大學同學，在學校裡時只是一般朋友，進了同一家公司後，又住在同一間公寓，才漸漸成為了知己。

因為讀大學，喬治的學費都是用助學貸款所以欠了銀行一些錢，為了早點還款他就悄悄找了一份兼職，幫一家小公司管理財務。約翰發現他下班後也忙得不可開交，一問，喬治就把自己做兼職的事情告訴了約翰。

公司每年都會選派一名優秀員工到一家著名的商學院培訓。根據選派條

件，條件最好的約翰和喬治都被列進了候選人名單。約翰對喬治說：「要是我倆都能去該多好啊。」喬治說：「但願如此。」

結果約翰脫穎而出，成為公司那年唯一選派的培訓員工。喬治很失落，他非常想獲得這次培訓的機會，於是找老闆，請求也參加這次培訓。

老闆看了喬治一會兒，冷笑著說：「你太忙了，就免了吧。」

喬治急忙說：「我手頭上的專案，我會儘快完成的。」

老闆沉下臉來說：「那家小公司怎麼辦，誰去管理財務呢？」

喬治立即愣住了，他一時不明白老闆怎麼知道他兼職的事。他本能地辯解說：「我兼職是有原因的，這並沒有影響我在公司的工作——」

老闆打斷喬治的話說：「好了，你忙你的去吧，我還有事。」接著衝著喬治擺擺手。喬治只好很失望的離開。

「你太忙了」——喬治沒想到這句話會成為阻止他培訓的理由。

但老闆怎麼知道他兼職的事情呢？這件事那家小公司是絕對保密的，他也只告訴過約翰一個人。喬治越想越心酸，他沒想到知己會出賣自己！

不只有不能把同事作為自己的知己，更不能把他們當成自己的情侶。有句話叫「愛江山更愛美人」。欣賞外表漂亮或者內心優秀的異性，是人之常情。但在辦公室裡，如果你把這種欣賞表現出來，可能就會引來同事異樣的目光。

通常，女性會比男性含蓄，所以在部門裡大多看到的是男性關心照顧甚至偏袒漂亮的女性，這種員工容易給人留下「花心」、輕浮的印象。

誠然，有的員工是把這一切作為一場愛情來進行的。但是，辦公室愛情向來是個蜂窩。老闆一般不希望自己的員工互相談戀愛，因為員工談戀愛會影響工作。談不成，一方覺得尷尬，可能要跳槽；談成了，如果一方出了問題，另一方可能會受到連累。所以，一般不要選擇辦公室戀情。

異性同事之間交往，應該遵循「做夥伴不做情侶」的原則。工作上，是合作的夥伴；感情上，井水不犯河水。即使對異性同事有強烈的好感，也要忍住衝動，更不該動非分之想。一句話，只要你不打算置飯碗於不顧，你就不要跨越跟異性同事之間感情的界限，老老實實地做工作上的夥伴。如果你在工作中經常偏袒異性同事，肯定會引起別人的反感和議論，不但你的人品，連你的工作能力都會受到置疑。

文森是技術部的老員工了，工作能力也出類拔萃，但當他每次都與晉升失之交臂。同事們不但沒有表示出同情，反而幸災樂禍。為什麼呢？

文森有個綽號，叫「愛神」。用同事的話說，文森感情太充沛了，見了女同事，特別是漂亮的女同事，就要忍不住「博愛」一下；不是叫「姐姐」，就是喊「妹妹」，親暱得很；關心女同事、偏袒女同事也是有目共睹的。文森也不避諱，稱自己「風流而不下流」。確實，文森也沒出什麼問題。剛開始，女同事還對文森有些害怕，時間一長，就對文森的行為見怪不怪了。

競爭技術部主管的時候，文森引起了決策者的爭論。有人認為文森能力超群，能勝任主管的位子。有人則認為文森根本就不能做管理者，理由是文森太輕浮，沒有責任感。老闆也對文森好偏袒女同事的表現早有耳聞，於是說：

「見了漂亮的女同事眼睛就直了，給他點權力，該不知怎麼好了！」

一句話，就使文森的晉升化為了泡影。

有的員工喜歡結交朋友，或者具有吸引力，身邊總是團結著幾個同事。如果在部門裡表現得過於親密，就會被老闆察覺，並引起老闆的敵視。

這樣做，一是有拉幫結派的嫌疑。在老闆眼裡，員工應該彼此保持獨立，這樣他最容易管理。如果你身邊密切團結著幾個同事，這是老闆最忌諱的。

即使你沒有拉幫結派的意思，老闆也認為你在拉幫結派，有跟他對抗的企圖。一旦老闆對你有了這種看法，就會壓制你，甚至將你打入冷宮，削弱你的影響力。

二是有集體離開公司的嫌疑。幾個同事一起跳槽，或者合夥開公司，讓原來部門的工作頓時陷入半停頓狀態，是老闆最不希望發生的。你與身邊的同事過於親密，敏感的老闆就會猜疑你們是不是要一起跳槽，或者合夥開公司。雖然你們根本不曾談論這些問題，但多疑的老闆一旦相信自己的判斷，就會防患於未然，提前採取措施。

老闆最常用的方法是把你調離，重新換一個部門，或者調到分公司去，甚至為了公司大局穩定，不惜忍痛割愛，炒你的魷魚。

為了同事間的關係別朝著親密的方向發展，你要做到以下幾點：

1. 共同消費要各自付款

不管是外出用餐，還是乘坐公共交通，只要是牽扯到共同消費的事，都要採取各自付款。

2. 把隱私深埋在心底

不管跟對方多麼情投意合，都不要袒露自己的隱私。同樣，如果別人要向你傾訴隱私，你也不要聽，找藉口轉移話題，或者離開。隱私會將你們綑綁在一起。

3. 辦公室戀情要不得

「兔子不吃窩邊草。」在辦公室上演轟轟烈烈的愛情太危險，最後的結果很可能是使你同時失去戀人和工作。

4. 不要意氣用事

講義氣的人常盲目承擔風險和犧牲自己的利益，這樣的人常為了取悅對方而不計後果。有人就因為在一個辦公室裡的好朋友被炒魷魚而主動辭職，這顯然不是明智的做法。

工作祕笈 別與下屬成死黨

俗話說：「城隍爺不跟小鬼稱兄道弟。」

為人上司，你對下屬應採取民主的方式，隨時與他們交流、溝通，傾聽他們的意見。也許你會非常器重某一位下屬，經常帶他出入各種場合，但你們之間的關係應嚴格侷限於良好的上下級關係中，而不能讓別人誤以為你們是死黨，否則，會在其他員工心目中造成不良影響。

由於你兼顧的是整個公司和全體員工的整體利益，需要有一位得力的助手協助你工作，為全公司的利益服務。當你與某一下屬成了死黨後，無形中就形成了一個小團體，極可能會遭到更大團體的抵制。當他們意識到自己的利益受到了侵害時，這不利你順利地開展工作。

而且，這種關係也不利於你這位下屬能力的發揮。一方面，他手握著你的尚方寶劍，可能會恃寵而驕，辦事不周，儘管他是處處為你著想，卻不一定有利於公司的效益。另一方面，和你的關係太好，會影響到他與其他同事的關係。

因此，上下級就是上下級，成了死黨，並不是件好事。

「近則庸，疏則威。」作為一名主管，要善於把握與下屬之間的遠近親疏，使自己的主管職能得以充分發揮其應有的作用。

有些主管想把所有的下屬團結成一家人似的，這個想法是很可笑的，事實上也是不可能的，如果你現在正在做這方面努力，勸你還是趕快放棄。事實上，與下屬建立過於親近的關係，並不利於你的工作，反而會帶來許多不易解決的難題。如，在你做出某項決定要透過下屬貫徹執行時，恰巧這個下屬與你平常交情甚厚。你的決定恰巧與他有關，為了支援你的工作，他放棄自己暫時的利益去執行你的決定，這自然是最好不過的。但是，如果他是一個不曉事理的人，就會找上門來，依靠他與你之間的關係，請求你收回決定，這無疑是給你出了一個大難題。收回成命必然會受到他人非議。不收回，就會使你與這位下屬的關係惡化，他也許會說你是一個太不講情面的人，從而遠離你。

所以，領導者在辦公室中最好的御下之術是保持同下屬的距離。身為主管，必須注重自己的身份，如果你想下屬更好地執行你的決定，就不要與他們成為死黨。

上班危險小心輕放

完美對付工作危機的生存技巧

【第三章】不會拒絕的人無法立足

在工作中，難免要拒絕別人的一些要求，儘管有的要求合情合理，但你必須學會說「不」。

工作祕笈 辦不到的事情不去做

當上司或同事委託你做某件事時，千萬不要不假思索地一口應承。要先在大腦中仔細考慮這件事自己該不該做，能不能做得到、做得好。把自己的能力與事情的難易程度以及客觀條件是否具備結合起來統籌考慮，然後再做決定。

首先，不該做的事就不能做。

在這個世界上，我們畢竟不能獨來獨往。做自己的事情時，有時要涉及到別人的利益。因此，我們在處理事情的過程中，必須全盤衡量，把握分寸，協調好各方面的利害關係，在爭取個人利益的同時，絕不能傷害他人。

有些事情，不該做時就不能做，一旦做了，可能就違法、違情、違理，使自己或別人遭受名譽、經濟或地位的損害。當有人違背你的人格信念而托你做事時，你也絕不能貪圖一時之利，而不負責任地答應他、縱容他，一定要慎重考慮可能引起的後果。如果有人想整治別人，編造假的事實，求你出面作偽證，或者有人想讓你與他一起做出違法亂紀的勾當，如果你不想與其同流合污，就應有勇氣拒絕這類無理的要求。

另外，有人請你代其完成工作時，如：你的同事把自己分內的工作往你身上推，此類情況應該拒絕。因為，人們在社會舞臺上都扮演了不同的角色，每一個人都有自己的責任和義務。既然承擔了某種社會責任或契約，就應該實踐合約。當他們不能完成工作時，你還為他們去分擔責任，那你是明幫暗害他們，減弱了他們的自信心，助長了他們的依賴性。

的確，拒絕別人的要求是件不容易的事，大家都有體會。而當別人央求你，你又不得不拒絕的話，更是令人頭痛的，因為每個人都有自尊心，希望得到別人的重視，同時也不希望別人不愉快，因而，也就難以說出拒絕的話了。

不過，當你經過深思熟慮，知道答應對方的要求將會給你或他帶來傷害時，那麼，就應該拒絕，而不要為了面子問題，做出違心的事來，結果對雙方都無好處。

其次，做不好的事還是不做的好。

為同事或親友做事，應該是自己應盡的責任，如果不幫他做，可能會感覺情理上過不去，有時事情儘管很難辦，也不得不勉強答應；作為下級，對於上司委託給自己的事，雖然不樂意，但又不好拒絕。這種不得已的應承，可能會對自己產生不利。你可能沒有考慮到，如果為了一時的情面接受自己根本無法做到或無法做好的事情，一旦事情辦砸了，同事、親友、上司就不會考慮到你當初的熱忱，只會以這次失敗的結果來評價你。

如果你認為這是上級拜託你的事不好拒絕，或者害怕因拒絕會引起上司不高興而接受下來，那麼，此後你的處境就會更艱難。所以，做事要量體裁衣，自己感到難以做到的事，要勇敢地鼓起勇氣說：「對不起，我實在無能為力，您是否可以另外找別人呢？」或者：「實在抱歉，我的能力有限，只能讓您失望了。我想，如果我硬撐著答應，將來誤了事，那才對不起您呢！」這樣，你才是真正會做事的人。否則，將來丟臉的肯定是你。

最後，做不了的事就設法推託。

一些比較不錯的朋友托我們做事時，我們為了保全自己的面子，或為給對方一個臺階，往往對對方提出的一些要求，不加分析地加以接受。但不少事情並不是你想做就能做到的，有時受各種條件、能力的限制，一些事是很可能做不成的。因此，當朋友提出托你做事的要求時，你首先得考慮，這事你是否有能力做成，如果做不成，你就得老老實實地說我不行。隨便誇下海口或礙於情面都是於事無補的。

當然，拒絕別人的要求也的確是件不容易的事。日本一所「說話技巧大學」的一位教授說：「央求人固然是一件難事，而當別人央求你，你又不得不拒絕的時候，也是叫人頭痛萬分的。因為，每一個人都有自尊心，希望得到別人的重視，同時我們也不希望別人不愉快，因而，也就難以說出拒絕的話了。」

的確，在承諾與拒絕兩者之間，承諾容易而拒絕困難。

有人來托你做一件事，這人必有計劃而來，最低限度，他已準備好如何說。你卻一點準備都沒有，所以，他是穩佔上風的。

他請託的事，可為或不可為，或者是介乎兩者之間，你的答覆是如何呢？許多人都會採取拖的手法：「讓我想想看，好嗎？」這話常常會被運用。

但有些時候，許多人會做一種不自覺的承諾，所謂「不自覺的承諾」，就是自己本來並未答允，但在別人看來，你已有了承諾。這種現象，是由於每一個人都有怕「難為情」的心理，拒絕屬於難為情之類，能夠避免就更好。

拿破崙曾說過：「我從不輕易承諾，因為承諾會變成不可自拔的錯誤。」

現代社會，大多數人都喜歡「言出必行」的人，卻很少有人會用寬巨集的尺度去諒解你不能履行某一件事的原因。在辦公室裡尤其如此。與其因做不到而得罪人，倒不如開始就說「不」。這樣對方反而會體諒你的真誠。

工作祕笈 要勇於與上司說「不」

作為辦公室的一員，上司委託你做某事時，你要善加考慮，這件事自己是否勝任？是否違背自己的良心。

如果只是為了一時的情面，即使是無法做到的事也接受下來，這種人的心似乎太軟。縱使是很照顧自己的上司、委託你辦事，但自覺實在是做不到，你就應很明確地表明態度，說：「對不起！我不能接受。」這才是真正有勇氣的人。否則，你就會誤了大事。

如果你認為這是上司拜託你的事不便拒絕，或因拒絕了上司會不悅而接受下來，那麼，此後你的處境就會很艱難。這種因畏懼上司而勉強答應，答應後又感到懊悔時，就太遲了。

上司所說的話有違道理，你可以斷然地駁斥，這才是保護自己之道。假使上司欲強迫你接受無理的難題，這種上司便不可靠，你更不能接受。

員工在工作關係上從屬於上司，接受上司的領導與管理，但這並不表示人身依附於上司。員工有自己獨立的人格，所以有拒絕上司的權利。上司可以對員工發號施令，員工也可以選擇拒絕上司，當然，是在有充足的正當的理由的前提下。

對上司百依百順，會消磨掉一個人的個性。在職場中，個性是獨立人格的標誌。如果失去了個性，在一個優秀的群體裡就很難引起別人的注意。

對上司百依百順，未必就會獲得上司的賞識，也不一定比別人更能獲得加薪和晉升的機會。因為什麼事都順著上司，就會給人留下過於依賴上司的印象，工作能力就會受到質疑。而保持獨立人格的員工，就顯得更有主動性，也更具魅力，更容易引起上司的關注。

我們經常看到有些員工，對上司安排的額外工作來者不拒，結果把上司養出了「習慣」，什麼事都找他，他因而忙得焦頭爛額，工作也經常出差錯。而那些勇於「拒絕」上司的員工，上司就不再去糾纏了，他也因此專注於做一件事，也更容易出成果，往往更能贏得晉升的機會。

有的員工雖然工作很忙，但是迫於上司的權力，怕得罪上司，勉強接受上司安排的額外工作，卻不能如期完美地完成，最後勞而無功，還得承擔責任。

一種情況是沒能按時完成，結果打亂了上司的計劃。上司的計劃一般都是很縝密的，一環扣一環，你的環節出了問題，就會影響到全局的發展。

這時上司的臉色就不是當時讓你接受工作時的臉色了，他會很嚴肅地質問你怎麼把工作搞得一團糟。你申辯手頭上的工作太多，上司就會說：「明知完不成，為什麼不早說？」你繼續申辯：「我當時說我很忙。」上司就會找藉口：「你也沒有說不能完成啊。我還以為你能勝任呢！」讓你啞口無言，反正怎麼都是你的錯。因為你這次與上司正面交鋒，上司很可能找老闆詆毀你，將你打入冷宮。

另一種情況是忙中出錯，給公司造成了損失。這時，縱然你能找出一萬條理由，比如「我手頭上的工作太多」、「其實當時我沒有精力接這項工作」、「我盡了最大努力了」等等，你都無法推卸掉你的責任，因為你是執行者。老闆過問這件事情的時候，一般不會詳細地調查事情的來龍去脈，而是直截了當地問：「工作是誰做的？」

有時候，上司處於欣賞你的目的，讓你負責一些臨時性的工作，還授予你職務，如「某管理小組」組長之類。這些工作幾乎與你的工作沒有一點關係，過了特定的時期之後，這些工作也隨之結束。如果你很忙，也沒有做這些工作的熱情，你就應該謝絕上司的好意。上司一般不會善罷甘休，還會繼續規勸你接受。上司會說：「別看這件事與你的工作沒有關係，但是能夠鍛煉你的領導能力」，「公司裡沒有再比你合適的人選了」等等。如果你經不起勸說，勉強接受下來，就會影響你的本員工作；如果你敷衍了事地對待新的工作，就有可能把事情做砸。這時你的能力就會受到懷疑，從而影響到在公司裡的發展。

彼得是一家資訊公司的技術人員，有天上司找他談話，讓他擔任公司青年服務隊的領隊。原來，該城市即將召開新技術產品研討會，該市主辦政府機關要求參加會議的公司派五名工作人員與會服務。公司考慮到彼得在大學時當過幹部，所以讓他帶隊。

彼得說：「我現在正開發一個專案，現在正是關鍵時刻，我沒有精力做別的事。」

上司說：「時間只有三天，不會暫用你太多的工作時間，你只要每天把人帶到會上去，你也不需要整天都在那裡。」

彼得猶豫著同意了。

這三天，彼得僅第一天在大會上露了面，他叮囑其他人自行到大會會務組報到，自己回家鑽研他的專案去了。別人見領隊不來，也都落跑了。會務組找不到人，直接反映到公司老闆那裡。這件事，彼得給老闆留下了不

好的印象。

年底，公司調整部門主管，因為彼得開發的專案獲得了成功，有人推薦彼得任技術部主管。老闆淡淡地說：「連五個服務人員都管不好，還能當什麼主管呢？」一句話就讓彼得失去了這次晉升的機會。

在辦公室，對於這些上司賦予的不可承受之重，通常員工會勉強接受，到頭來卻沒有得到一個好的結果。勇於與上司說「不」，才能杜絕不良後果的發生。

工作祕笈

千萬別替上司「揹黑鍋」

別人一時有難，伸出你的援助之手拉他一把，確實是應該的。但要把這樣做的後果要想清楚，不能什麼事都要無條件地承擔，不管他是什麼人。

一家公司出了一樁嚴重的事故，上級部門要來追查責任。負責人對下面的人懇求說：「你們就說那天我有事正好不在，是你們自作主張，只要我免於處分，我自有辦法保護你們。」

有幾個下屬竟然同意了。他們中間，各有各的想法。有的認為，主管對我不錯，關鍵時刻不能出賣他。有的則想，這是大家的事，也不能叫主管一人承擔，他倒了，我們也沒不好，不如先保下他再說。還有人認為，主管要我們保他，不保也不行，保就保吧。

這種替上司「揹黑鍋」的行為是十分危險的。

一般而言，有關工作的指示和指令，是由上級發出的，下屬只是執行而已。照理說，責任是在上級。

希望透過幫助上級逃避責任來解救自己，是十分幼稚的想法。責任是大家共同承擔的，好比好多人抬一塊大石頭，一個人扔掉了，另一個人肩膀

上只會更重點而不可能更輕點。這是顯而易見的。只有大家共同來承擔責任，每個人所得到的才是應該屬於自己的那一份。

事情有大小，責任也有輕重。有的下屬習慣於替上級「揹黑鍋」，萬一受到了嚴厲的懲罰，再後悔就來不及了。

為了防患於未然，作為下屬，平時就該對工作的責任界限分辨清楚，各辦其事，各負其責。

有的上司犯錯之後就把責任推卸得乾乾淨淨，推卸不掉就讓下屬一個人承擔。當然，上司一般都會承諾：「你把責任承擔下來，有加薪的機會我一定替你爭取。」「我晉升之後，這個位子就是你的，我的推薦意見老闆是很重視的。」如果你覬覦上司的承諾，答應替上司揹黑鍋，恐怕最後會落個「竹籃打水一場空」的下場。

不要以為替上級「揹黑鍋」將來總會有些好處。「好處」應該是光明正大地爭取來的，用「揹黑鍋」的辦法去換，既不光彩，也未必划算。或許，上級能給予你的好處，比起你「揹黑鍋」所受的損害來，只有百分之一。

即便他能為你爭取加薪的機會，也推薦你接任他的位子，但他並不能保證你能夠一定勝出。因為你把責任全部承擔下來，你的過錯就增大了，一次大錯可能就會掩蓋住你曾經取得的成績，毀掉你苦心打造的良好形象，你跟別人競爭就處於劣勢，勝出的可能性就微乎其微。

你對上司徹底失望後，可能會把事情捅到老闆那裡，這樣只會使事情變得更糟。如果你向老闆說明真相，你替上司揹黑鍋，是因為上司有承諾，老闆會怎麼看你？他肯定會把你看作一個傻瓜，甚至對身邊的人講你的笑話：「智商這麼低的人，能提拔嗎？」同時，如果上司還在公司裡，你就把他得罪了，你在公司也就永無出頭之日了。

很多時候，上司為了保護自己，讓下屬在無意中替自己揹黑鍋。這時你更要擦亮自己的眼睛。

如果是一些十分重要的惡性事故，如經濟損失或政治事故，則應該據理為自己申辯。這裡已經不存在情面和技巧的問題。如果你仍然為顧全上級的面子而把苦果往自己肚子裡吞，其後果是不堪設想的。

在涉及觸犯國家法律的事情時，也應該毫不客氣地、實事求是地進行有力的申辯。在這種情況下，如果你還要為上級或某人掩飾，就只能是害了自己。而且，在法律面前，誰也不可能徇情保護你，也不要寄望於那些虛假的承諾。

如果是某些人為了推卸責任而往你身上栽贓，或者有人故意向上級打小報告陷害你，那麼，你完全可以進行申辯，以有力的事實向上級證明你的能力和忠於職守，並揭露那些心術不正的人的種種詭計。否則，你只能吃啞巴虧。

為人處世，首先要懂得自我保護，使自己的利益、名譽等不受損害。所以，當上司讓你替他揹黑鍋時，你一定要拒絕。

工作祕笈

對同事說「不」的藝術

在辦公室中，每個人都可能遇見這種情況：有個同事向你求助，而要你做的是件棘手的工作。雖然同事間互相幫助是應該的，但答應下來，你自然付出額外加班的代價，甚至還會影響你自己的工作；如果你敷衍了事地應付，同事發覺後肯定對你有意見，甚至因此引發矛盾，造成「好心幫倒忙」的結果。因此，遇到這類情況，你就要果斷地對同事說「不」。

說「不」有說「不」的藝術。如果你表達得不徹底，同事還會對你軟硬兼施。如果你生硬地拒絕，會讓同事很沒面子，甚至下不了台。這一次不愉快很可能使同事對你心存芥蒂，甚至成為制約你在職場發展的隱患。

在同事向你求助的時候，認真傾聽對方的陳述，是你說「不」之前的最好鋪墊。

如果你有選擇地在聽，或者裝著在聽，甚至根本不理睬對方，都會讓你的同事感到不受尊重，還會顯得你特別不真誠。接下來說「不」，就會對你的同事造成很大的傷害。

認真傾聽，不但會保全同事的面子，還會對同事的求助進行全面、透徹

的瞭解，並做出正確的判斷。如果幫助對方對提升你的工作能力很有好處，你不妨答應下來，當作一次鍛煉的機會。如果答應下來只是給你添麻煩，你就應該拒絕。如果能給對方提出有益的建議，甚至在你的指導下，找到了更佳的解決方法，對方一定會感激你。

其實，真正的傾聽並不是只有用耳朵在聽，也不是只有要記住甚至理解對方所說的話。研究交流問題的專家認為，我們所進行的交流只有一〇%是靠我們說的話來體現的，有三〇%是透過我們的語調來體現的，還有六〇%是由我們的肢體語言來表現的。在傾聽的過程中，不只有要用耳朵來聽，更重要的是用眼睛和心靈來聽。不只有用左腦，還要用右腦，學會察覺、直覺和感覺。

同事向你求助，你應該立即停止手裡的工作，面向他，認真傾聽。這顯示了你對同事的尊重。在傾聽的過程中，如果你再動用肢體語言，效果會更佳。

1.坐直身子，正對著對方。表示你十分重視對方的求助，正把全部精力用在傾聽上。

2.用平和的目光注視著對方的眼睛。表示你正思考對方提出的問題。

3.真誠地微笑。表示你很理解對方的處境。

這樣，你經過斟酌之後，委婉地拒絕對方，對方不會覺得尷尬，也不會怪罪你。雖然你沒有給對方提供幫助，但你給予了對方尊重。

如果你的做法相反，同事向你求助了，你一副愛理不理、似聽非聽的樣子，接下來是生硬的拒絕，一定會傷了對方的自尊。如果在這之前同事還對你有好印象的話，這時就全部毀掉了，並轉而記恨你。

琳達是一家廣告公司的平面設計師，這天她忙碌中得不可開交，同事蘿拉走過來對她說：「想請妳幫個忙。」她看了一眼蘿拉，繼續忙手頭上的工作。蘿拉說完了，她並沒有聽明白蘿拉具體讓她幫什麼，就面無表情地說：「對不起，我幫不上忙。」蘿拉的臉色立即變得很難看，轉身就走了。

其實琳達平時很少這樣的，跟蘿拉的關係也不錯，她之所以做出這樣的舉動，是因為她媽媽要來看她，她要趕緊忙完手裡的工作，下班後陪媽媽逛街。她沒想到她無意的忽略把蘿拉得罪了，蘿拉從此與她冷眼相對。

琳達剛開始還想找蘿拉解釋，但是想到可能會越描越黑，就想讓時間來

沖淡這件事。

不久，設計部主管調離總公司，新主管透過競爭產生。琳達參加了競爭，她認為自己比另兩個人有優勢。

第二天公佈結果。晚上她上了公司的網站。網站上有個BBS平時同事們都喜歡在上面交談，交流工作經驗，在人事更動期間，同事們還喜歡在上面發表意見。果然，有人對競爭者指手畫腳了，而且矛頭直指她。網路上是這樣寫的：

琳達這人太自私，自己的利益高於一切，怎麼能做主管呢？

琳達立即緊張起來。這是誰在攻擊？正猜想著，一個好友開始支援她：

琳達的工作能力是出類拔萃的，作品獲得全國大獎就是證明。這是主管首先應該具備的能力。說她自私，倒不知是如何談起的。

前面的人立即還擊：

據我所知，琳達經常很冷漠地拒絕同事的求助。

琳達立即想起蘿拉來，而且越想越覺得是蘿拉。

很快有人回應：

一名主管，不應該只有ＩＱ而且還應具備ＥＱ，像琳達這樣冷心腸的人，是不可能帶好一個團隊的。

還有一些貶低琳達的言論陸續跟上，顯然不是出自一個人之手。說明另兩個競爭者和他們的支援者也開始「對決」了。

這次競爭的結果自然是琳達落選。因為老闆在最後確定人選時，受到了BBS言論的影響，他也認為琳達IQ有餘，EQ不足。知道真相的好友都為琳達惋惜。琳達氣不過，在論壇上發了一個訊息：

攻擊琳達的言論全是藉口！全是誹謗！是小人所為！

除此之外，她找不到更好的發洩方法了。

當你傾聽完對方的陳述後，內心裡雖然做出了拒絕的決定，最好不要馬上說出口。馬上拒絕雖然對方不會對你有什麼意見，但他並非滿意，因為你畢竟沒有幫他解決問題。以下兩種方法，有時會讓你的同事滿意而去。

1.以對方的利益為藉口拒絕，往往更容易說服對方。

「這個問題我幫你做了，你就失去了實際執行的機會，以後碰到這樣的問題，你還是不敢下手。」或者：「我現在很忙，幫你做也不會做得很好，到時候上司怪罪下來，是會找到你頭上的。」對方一想，讓你做還不如自己做，自然不會再糾纏你。

有時候，你拋不開面子，答應下來卻沒有很好地完成，反而造成了同事的被動。這時同事自然對你有意見了：「不幫就不幫，別唬弄我呀。」甚至傳播你「不負責任」的壞話。所以早把壞處說出來，讓同事知難而退，是避免問題發生的根本方法。

2. 關懷並提供建議。

「如果換了我，我也會找人幫忙的，可是我實在太忙了。這個問題，我覺得你應該……。」然後向對方提供有益的建議，讓對方透過別的途徑解決問題。如果你的建議讓對方找到了更佳的解決方法，對方不但滿意，而且還會感激你。

工作祕笈 說「不」又不得罪人

在辦公室中，你一定經常遇到這樣的問題：一位同事突然開口讓你幫他做一份難度很高的工作。若是答應，可能要連續加幾個晚上的班才能完成，而且這也不符合公司的規定；若是拒絕，面子上實在掛不住，畢竟是多年的同事了。應該怎麼找一個既不會得罪同事，又能把這項工作順利推出去的理由呢？

有人會直接對同事說：「不要，就是不要！」這絕對不是最佳的選擇，可能會讓你和同事以後連朋友都沒得做。

有人會推託說：「我能力不夠，其實羅珊更適合。」那你有沒有想過當同事把你的這番話說給羅珊聽時，他會做何反應？

有人會不好意思地說：「我真的忙不過來。」理由不錯，可是只能用一次，第二次再用時，你面對的一定是同事疑惑的眼光。

這些好像都不是最佳拒絕理由，那我們到底應該如何說「不」又不得罪人呢？

祕訣一：先傾聽，再說「不」

當你的同事向你提出要求時，他們心中通常也會有某些困擾或擔憂，擔心你會不會馬上拒絕，擔心你會不會給他臉色看。因此在你決定拒絕之前，首先要注意傾聽他的訴說，比較好的辦法是，請對方把所處處境與需要，講得更清楚一些，自己才知道如何幫他。接著向他表示你瞭解他的難處，若是你易地而處，也一定會如此。

傾聽能讓對方先有被尊重的感覺，在你婉轉表明自己拒絕的立場時，也能避免傷害他的感覺，不讓人覺得你在應付。如果你的拒絕是因為工作負荷過重，傾聽可以讓你清楚地界定對方的要求是不是你分內的工作，而且是否含在自己目前重點工作範圍內。或許你仔細聽了他的意見後，會發現協助他有助於提升自己的工作能力與經驗。這時候在兼顧目前工作的原則下，犧牲一點自己的休閒時間來協助對方，對自己的職場生涯絕對有幫助。

傾聽的另一個好處是，你雖然拒絕他，卻可以針對他的情況，建議如何取得適當的支援。若是能提出有效的建議或替代方案，對方一樣會感激你。甚至在你的指引下找到更適當的支援，反而事半功倍。

祕訣二：溫和堅定地說「不」

當你仔細傾聽了同事的要求、並認為自己應該拒絕的時候，說「不」的態度必須是溫和而堅定的。好比同樣是藥丸，外面裹上糖衣的藥，就比較讓人容易入口。同樣地，委婉表達拒絕，也比直接說「不」讓人容易接受。

例如，當對方的要求是不合公司或部門規定時，你就要委婉地表達自己的工作權限讓對方知道，並暗示他如果自己幫了這個忙，就超出了自己的工作範圍，違反了公司的有關規定。在自己工作已經排滿而愛莫能助的前提下，要讓他清楚自己工作的先後順序，並暗示他如果幫他這個忙，會耽誤自己正在進行的工作，會對公司與自己產生較大的衝擊。

一般而言，同事聽你這麼說，一定會知難而退，再想其他辦法。

祕訣三：多一些關懷與彈性

拒絕時除了可以提出替代建議，隔一段時間還要主動關心對方情況。

有時候拒絕是一個漫長的過程，對方會不定時提出同樣的要求。若能化被動為主動地關懷對方，並讓對方瞭解自己的苦衷與立場，可以減少拒絕的尷尬與影響。當雙方的情況都改善了，就有可能滿足對方的要求。對於業務人員，例如保險業者面對顧客的要求，自己卻無法配合時，這種主動的技巧更是重要。

拒絕的過程中，除了技巧，更需要發自內心的耐性與關懷。若只是敷衍

了事，對方其實都看得到。這樣子有時更讓人覺得你不是個誠懇的人，對人際關係傷害更大。

在拒絕上司時更要注意，上司畢竟是你職場中的主管，跟他說「不」的時候，一定不要弄僵關係。主要是把握好兩點：

1.委婉

口氣要溫和誠懇，還不要太直率，讓上司一下接受不了。比如：「您看我手頭上的工作，還能再接別的工作嗎？」「謝謝您的好意，可是我確實對那種職務不感興趣，我現在也忙碌中得騰不出精力。」「我很理解您的心情，但是我不能一個人承擔責任，因為的確不是我一個人的責任。」

2.果斷

無論你表達得多麼委婉，最後拒絕時的口氣一定要果斷。如果你猶豫不決，上司就會繼續做你的工作，甚至認為你曖昧的態度已經表示接受了。但是，如果你果斷拒絕，就會徹底打消上司的幻想。

在辦公室裡，大家低頭不見抬頭見，關係弄僵了對彼此都不好。因此，一定要掌握說「不」的藝術，既說「不」又不得罪人。

上班危險小心輕放

完美對付工作危機的生存技巧

【第四章】小人退散

在辦公室裡有這樣一種人：他們對主管拍馬逢迎，對自己的競爭者造謠生事，他們喜歡挑撥離間，喜歡落井下石。這些就是通常人們所說的「小人」。當小人們對你進行人身攻擊時，要以牙還牙，將其暴露於陽光下。

從表現上來看小人

古人云：「賊是小人，智過君子。」在辦公室中，稍不留神就會被小人算計，吃虧上當了還不知道怎麼回事。常言說得好：「畫虎畫皮難畫骨，知人知面不知心。」最難防的是兩面三刀的人，當面笑瞇瞇，背後下毒手。

小人品德不良，心術不正，喜歡搬弄是非，挑撥離間。但小人不同於壞人、惡人。小人具有隱蔽性，平時不顯山、不露水，一旦興風作浪，同事間的關係即告緊張。你防我，我怕他，人人自危，辦公室被弄得雞犬不寧。上司被折磨得心力交瘁，疲憊不堪。部屬們無心工作，業績一落千丈。

小人雖然喜歡躲在陰暗的角落裡，但他們也有多種的表現：

表現之一：掠奪別人的勞動成果

不勞而獲是小人們的夢想之一。在辦公室中，將同事的成果歸為己有是小人們常做的事。為了達到此目的，小人們通常假惺惺地對正在忙碌中的同事予以關心，主動給予協助。等到同事幾經周折完成方案上報上級時，才會發現小人們早已把類似的方案呈上報告。

表現之二：有成果就攬，有責任就推

成績都是他的，責任都是別人的，誰跟他共事誰就倒霉。如果大家一起做專案，他不只有挑肥揀瘦，而且占他人之功為己功，責任卻往別人頭上推，又善於吹牛，每月報告寫得天花亂墜，偏偏主管就相信他。因為他的讒言，別人被批評或被扣獎金。為了遏制這種小人的勢頭，大家應該團結起來，向主管反映不願與他共同去做事，這就會使主管冷靜下來想一想，為什麼大家都害怕他、迴避他。

表現之三：欺負新來的員工

這種人未必是看不慣你一個人。他有一個習慣，就是凡是新來的人都要排擠一下，以顯示自己在這個環境中的主要地位。一旦時間長了，你完全融入這個圈子了，他們就會轉移目標，去擠兌新人。

表現之四：愛管閒事

其實這種人並不是真正意義上的惡人。他們一般來自小市民家庭，素質較低。如果他們做得不是太過火，你大可不必去理他們，但是適當的時候，你也可以反擊一下，因為這種人一般欺善怕惡。

表現之五：惹是生非

這種人以惹是生非為樂。對於這種人，最好的辦法就是敬而遠之。有一點你最好要注意，就是儘量不要在辦公室談論你的私事，因為是非型的人最喜歡探聽他人的隱私。你的私事當然會是他們的素材。這種人充其量只是個小人，還不是惡人。所以你不必如臨大敵。

表現之六：喜歡造謠

這種人視辦公室為製造謠言的場所。對於一般的謠言，你記住「清者自清，濁者自濁」，不必理會；對於過分的謠言，完全可以告上「公堂」。謠言很多時候已經構成誹謗，誹謗則可能侵犯了你的名譽權，不能坐視不管。

表現之七：動輒就發脾氣

如果你跟這樣的人有衝突，記住他們不是針對你一個人。他們可能沒有什麼惡意，只是很難相處，因為他們脾氣怪異、行為離奇，你不可使用正常人的思維去理解他們。

如果你發現他們身上有某種值得交往的特質，你可以用誠意去打動他們，但是不要抱多少希望；如果你不想接近他們，當然避之則吉。如果不巧他們與你有矛盾，記住要就事論事地與他們爭論，千萬不要借題發揮，或者使用侮辱性的過激語言。這樣可能會激怒他們，後果不堪設想。

表現之八：以貶低別人為樂事

這種人處處要顯得比別人優越，你說什麼他都要插嘴，每一件事他都要證明他知道得比你多。這樣做的原因是因為他們有無法排解的虛榮心，或者有隱藏得很深的自卑感。

當你發現了他們的可悲時，你可能對他們就沒有那麼多的不滿了，因為他們實在是不值得你為他們生氣。所以如果他們又在吹噓自己、貶低別人時，你不用浪費時間與他們爭辯。因為你和他們完全不在同一個層次上。而一個不經意的細節，就可能會暴露他們的無知和愚蠢，你無須跟他們一般見識。

表現之九：假惺惺地充當好人

這是最危險的一種人，因為他可能有一個美麗的包裝。開始的時候，他看起來是那麼善意，那麼富有誠意，對你又那麼關心。你可能感動地把自

己的一切都告訴他，而一旦你跟他的利益發生衝突，他就會狠狠地踩你一腳，有時候，他甚至是「損人不利己」。

這種人是最難對付的。但有一點你應該能做到，就是不要佔他的便宜，要知道便宜往往是陷阱。你在他面前要守口如瓶，甚至連開玩笑的話都不能說。你如果把他當個好人，在背後對主管發牢騷，那你就完蛋了，因為他又會到主管那裡當起好人，說你怎麼罵主管。

瞭解了小人的種種表現，就能和上司或同事或下屬一起將小人們分辨出來，當他們再興風作浪時，就很容易找到源頭了。

工作祕笈

分清身邊小人的類型

每個公司員工都希望同事與同事之間、員工與上司之間能平等相處，相互促進，人們為了一個共同目標而精誠合作。同時，員工也期望，在公司事務中，上司及同事對你的評價應主要基於你在工作中的表現，而不應將你的人品及個人性格偏好混在一起。但在現實中，要做到這一點是很難的。不幸的是，大多數工作環境中都充滿了人與人之間的矛盾。儘管你力圖避免與人為敵，但有時你仍會發現自己的身邊就是有人在「搗鬼」，他們會從語言和行動上暗中破壞你的工作或毀壞你的聲譽。一旦你發現有這麼一個人的存在，就表明你的辦公室裡已經有小人盯上你了。

許多人在發現自己身邊有這樣的小人時，會習慣性地採取迴避的辦法。這種對策過於消極，相反更會助長他對你的威脅。作為你的對手，他挑起事端的目的是為了從你手中奪取利益，只有當他的這一目的生效以後，他才會解除對你的攻擊。因此，對付那些已經開始對你不利的敵人，需要清楚而目標明確的行動。你需要做的是找出敵意的來源，導致他對你產生敵意的原因，以及誘使他攻擊你的動機。

如果你不小心對待這種情況，這個小人會成為毀滅你工作的導火線，給你的事業造成嚴重的危害。因此，你一定要提防這些好戰分子的不良行為，當他們向你發起進攻時，一定要準備好對之加以有效的反擊。

澄清問題並制定對策的一個最好辦法是把注意力放在事情的解決而不是對付人。將注意力集中在人的身上會改變你的視線，並把你的精力轉向很難改變的某些東西。將注意力集中於事情上能幫你找到消除矛盾的最佳行動，它能使你將問題簡化，使你不致給敵意之火加油而落入對手的圈套。

小人可能有以下三類：工作中的小人、有個人恩怨的小人和政治上的對手。第一類小人跟你在企業中的表現及目標和意見相左。他們對你的不滿源於他們不同意你工作範圍內的計劃、原則與目標。這類敵人還相對比較容易對付，因為其問題很直接，這種敵意只是由於你們在達成某個目標或達到那個目標的方向上意見不同。處理這種敵對環境的最好方法是正面對待問題。如果有可能，弄清楚這個人反對你什麼，並且如果這種反對在你看來是合理的，你應該修正你的計劃以消除不和諧。

多數人在面對這種敵意時，往往做出的第一反應是回擊，但冷靜地思索一下，你就會發現你的合作態度能多麼有效地解除對方的敵意。「一個巴

掌拍不響」這一說法是有其道理的。你很難與一個不予反擊的敵人打仗。如果消除緊張所需的變化是你能接受的，遵從他們的意願，讓他們驚奇一下，然後你會發現他們的敵意將逐漸消退。

對第二類敵人是私敵，就難處理得多，因為牽涉到私人問題時就更為複雜。如果你相信有人對你不利是因為他們對你個人的印象不佳，就不能使問題得到輕易緩和。有幾件事情很危險。工作中的私敵會極大地降低你與你身邊的人的工作效率，它們還會導致巨大的感情消耗。發現你自己與明顯不喜歡你的人一同工作或相處，會破壞你在工作中保持良好心態及全心全力做好工作的努力，它最終還會造成對你自尊心的傷害。對待這類敵意的辦法是，首先檢討一下自己是否做過一些無法變更的事情。如果是因為你曾做的什麼事導致敵意，你可考慮道歉或做出其他和解行動來加以彌補。你大方的表現很容易消除緊張氣氛。但如果問題的來源是你不能或不願變更某些東西，你能做出的選擇就少一些。

比如這個人不喜歡你太矮、太高、你穿著的方式或其他你不能或不願改的方面。在這種情況下你只有少數幾種選擇。你最好是盡可能地迴避這種人。如果無法迴避，你可能需要面對他們的偏見。既然你不能或不願改變你自己的立場，那就只好改變他們了。如果他們知道自己對你的負面反應是不可接受的，而你的反對足夠強烈，很可能他們就會停止當面對你的消極反應。你需要做的下一件事情是觀察暗中反對你的行動。在這種情況下，最好的反應是不容許他們在暗地裡活動。如果有必要，應當面要求他們公開為他們的行為負責。這樣他們就會知道他們對你的反應是不可接受的。盡可能強烈並大聲地說出你對他們的負面反應是無法容忍的。除非他們是真正的好戰分子，你的強烈反應都會使他們放棄與你作對。

對待第三類小人是政敵，這就更難了。因為他們往往很難察覺，因為敵意源自於一股強大的反對力量，他們通常不是個人化的敵人。在現代社會，企業也不可能純是一塊「淨土」，在企業中總有一些玩弄政治的人，有些人可能會被迫加入某個政治團體。當你在任何問題上持某個立場時，你都有製造敵人的危險。儘管這是不可避免的，但還是可以減少這種敵對情緒的。為了減少這種情況對你事業的威脅，你能做的最好一件事是正確觀察矛盾衝突。如果你發現你認為對你事業重要的某個人站在另一個政治陣營裡，你就要儘量減少你們兩人之間的分歧。如果你稍不當心，政敵也會變成前面提到的第一類和第二類敵人。

多一點小心就能避免這種事情發生。如果你與這個人在政治分歧發生之前關係很融洽，最好是與此人就兩人分屬於對立陣營的尷尬進行坦誠對話。如果你能表明立場，你們的分歧只是在這個問題上，而不是基於私人或工作表現，你可能就會發現這種狀況只是暫時的，給你們任何一方都不會造成太大的傷害。要記住不要輕率表明政治立場。避免這種處境的最好辦法就是儘量保持獨立，不要總是與某一個團體結盟。如果你在政治立場上保持自主和靈活，你就會發現自己更像一個活動靶，很難被擊中。

分清身邊小人的類型是採取防範措施的前提。對於工作中的小人，私敵和政敵要採取不同的方法進行防範。所以，必須在小人所屬類別上認準、認清。

工作祕笈 讓小人的行為曝光

面對小人，必須「攻守兼備」。保護自己的隱私，讓小人無機可乘，這是對付小人的「守勢」，有時還必須採取「攻勢」，運用種種原則，讓小人的所為公諸於天下。

凱文進入房地產公司做專案企劃，由於是新人，為了得到公司的認可，他幾乎成了工作狂，並常常能想出很多新穎實惠的新點子。他的第一次企劃得到經理的「有創意、很新穎」的表揚。經理的嘉獎讓他更加自信大膽地工作。

同事麗莎是他自認的好朋友，在他忙得天昏地暗時，她會適時地遞上一杯咖啡；他加班時她又會送來一些點心；當他的忙到不可開交的時候，她總是自動拿起資料幫他列印好。她就是這樣在一點一滴的小事中感動著他。

有一次，他很滿意地完成了一個企劃交給經理。誰知第二天經理找到他：「凱文，我本來很看重你的才華和敬業精神，沒有新點子也沒什麼，但你不該抄襲其他同事的創意。」經理看他一臉驚訝，遞給他一份企劃書。天哪，竟然和他那份驚人的相似，而策劃人竟是麗莎。

面對經理的不滿和好朋友的「心血」，他啞口無言，因為他沒有任何證據證明他的清白。

機會終於來了，他接了一個很重要的案子，他比平時更忙碌，他從自己的新點子裡篩出了兩個方案，做出AB兩份企劃書，明裡麗莎還是經常主動來幫他做A企劃書，但暗地裡他已把B企劃書做好交給了經理，並請經理配合他先不說出去。果然，不久麗莎交上一份和A企劃書頗為相似的企劃，明白真相後的經理非常生氣，於是只好請麗莎另謀高就了。

凱文的方法的確不錯，對付小人就是要以預防為主，處處留心，不要讓人趁虛而入。這部分人對你經常採取陽奉陰違的態度，有點像披著羊皮的狼，所以不要輕信他對你的讚美，因為他在讚美你的同時，在籌劃如何利用你。

當你不得不與辦公室中的小人共同負責一個專案時，你就會發現成績都是他的，而問題則都是你的。這時，你就應該團結同事，發揮才智，讓小人在上司面前現形。

一天，丹尼又被主管訓了一頓，他氣呼呼地發牢騷：「約翰也太過分了！績效都是他的，責任都是我的，跟他同一組算我倒霉，這個月的獎金又泡湯了！」丹尼的話立刻引起辦公室裡其他同事的共鳴。約翰做事確實不夠光明磊落，大家一起做專案，他不只有挑肥揀瘦，而且占他人之功為己功，責任卻往別人頭上推，但他每月報告寫得天花亂墜，偏偏主管就信他的。因為他的讒言被扣獎金，丹尼也不是第一人了。為了遏制小人的勢頭，他們決定懲戒約翰，也讓主管擦亮眼睛。

丹尼和約翰共同負責界面顯示模組的開發，以往，丹尼每次都要負責整個模組的測試，而這一次，他沒有檢查約翰的那一部分，按照自己對約翰工作能力的瞭解，他知道在給主管演示開發成果的時候一定會有問題，大家異口同聲地誇獎界面模組完成得好，主管問是誰的功勞，約翰會立刻挺身而出。

演示開始還算順利，但約翰的那段代碼終於出了問題，界面怎麼也出不來，他情急之下故技重演，把責任推到丹尼身上。丹尼胸有成竹地上台，沉著地找到了問題所在，主管終於恍然大悟，原來丹尼才是幕後英雄。從此以後，約翰的那套小人手段再也沒有殺傷力了。

工作祕笈

從容應對各色小人

小人不是仇家，也不是敵手。他要是盯上了你，你是逃不掉的。小人各有特色，針對不同的小人，要採取不同的措施來應對。一般而言，在辦公室中的各色小人分為以下九種：

1.馬屁精

可以說所有在辦公室工作過的人都見識過這類人。

開會的時候永遠坐在第一排；集體餐聚的時候就算把自己喝得七葷八素，也得跟主管推杯換盞；時時在伺機擷取任何一個能趨炎附勢、令自己一步登天的機會。人往高處走，這是一種普遍心態，可怕的是「馬屁精」中有一種人，他透過踩扁身邊的人，來達到自己高升的目的。他有很多花招可耍，或者打小報告，故意貶低你，或者直截了當地在上司面前要你難堪，主管訓斥你的時候，他會微笑著充當「敲鑼邊」者，讓你猝不及防，瞬間變成個胡言亂語的大白癡。

史帝夫就是這樣一個馬屁精。史帝夫最擅長的伎倆是看人說話，見風使舵，只要有利用價值就無所不拍，拍主管、拍有背景的同事。可惡的是他拍別人是常常貶低其他人，一次他剛得知新來的同事凱西是公司總經理的小姨子，就巴結凱西說：「哇！妳真的很有品味。這條銀色外套配上你這件羊毛衫真是絕配，如果艾咪穿上就不好看，她沒你皮膚白，穿衣服又沒品味。」

別人總是受到他的這種排擠，心裡特別憤怒，但又不想與之當面爭執。像史帝夫這種人你大可不必去理他們，儘量避開他們，就算是他來籠絡你也千萬不要加入他的圈子；如果你不幸與他相遇，當他開始使壞的時候，最好的方式就是「先下手為強」，越過他向更高層的主管披露他的劣跡。

他會打小報告，造成主管對你的成見，你唯一能做的就是去找主管當面把事情講清楚，增加彼此間的交流。現今，大家的智商都差不多，誰也沒法左右別人。如果真的遇上這種事，用事實說話，流言自會不攻而破的。

如果他當著主管讓你下不了台，不要覺得壓力大而應立即正面回答問題，應繞開他們的陷阱，但也不要顧左右而言他，因為他們會窮追不舍，面對這種尖銳的難題，幽默可能是最好的防禦。

2.吝嗇鬼

吝嗇可以說是一種人性。但在辦公室中，有些吝嗇鬼的所作所為就不得不讓別人將其歸入小人的範疇了。

丹尼爾在辦公室與大家共事三年了，從剛進辦公室就說要請大家吃飯。一頓火鍋從冬天喊到夏天，到大家都懶得與他客氣了，他照樣有本事把「請你們吃飯」這件事三天兩頭掛在嘴上。

有一天，他的一位朋友請他在國際會議中心附近的高級餐廳吃飯。那之後的一個星期，有關哪天吃飯的情形：法國的鵝肝怎麼鮮嫩，香港人做的魚翅多麼美味，銀製的餐具多麼豪華，餐廳氣氛就像國外之類的話題，他足足說夠一個星期。自從那次開過眼界之後，他就一直說：等我有錢了，請大家去會議中心的高級餐廳吃飯，然而，天知道他心裡覺得要擁有多少錢才算有錢呢?這個常常說「沒錢」的男人穿兩、三千元的一件襯衫，常常帶著他穿了麗嬰房裙子的女兒和戴著浪琴表的太太，開著他的賓士車來辦公室獻寶。大家若想起當他結婚的時候發給大家是快化掉的巧克力，女兒誕生時請的當天就到期的蛋糕，就懶得多跟他寒暄。

至於丹尼爾本人，除了比較小氣之外，他對於一切指責都是非常大度的，人家覺得不受尊重，罵他兩句，他有本事對著你嘿嘿沒關係似的笑一聲道：「真的，我不知道不知道呀，下回給你賠禮，請你吃飯。」於是大家就原諒他了。

對於這種小氣鬼型的人，我們該如何與之相處呢？

◎不得罪他們。一般而言，「吝嗇鬼」比常人都要敏感，因此，不要在言語上刺激他們，也不要在利益上得罪他們，尤其不要為了「正義」而去揭發他們，那只會害了你自己！

◎保持距離。別與「吝嗇鬼」過於親近，保持淡淡的同事關係就可以了，但也不要過於疏遠，好像不把他們放在眼裡似的，否則，他們會這樣想：「你有什麼了不起？」於是你就倒霉了。

◎吃些小虧也無妨。「吝嗇鬼」有時也會因無心之過而傷害了你，如果是小虧，就算了，因為你找他們不但討不到公道，反而會結下更大的仇；所以，原諒他們吧！

3.笑面虎

辦公室就是一個小世界，人們所賴以生存的社會是一個紛繁複雜、千變萬化的社會。人們在快節奏的現代生活中處理各種各樣的事，接觸各種各樣的人，嘗到了各自不同的感受。這感受有悲有喜，有酸有甜。當然人人

都希望自己的生活幸福如意，都不希望與痛苦交織，與困擾並存。生活的複雜性充分地向我們勾畫了一幅人心難以把握測定的圖畫。

隨著社會的發展，人與人之間的關係越來越密切，人際的交往方式也就成了一門學問。講究禮貌、彼此尊重和小心防備都成為實際生活中的主要課題。今天，人們看到幾乎每個人都面帶微笑向你走來，面孔無論是熟悉還是陌生；看到中途相遇的雙方相互拍肩問候，溢美之詞不絕於耳，無論是故友還是初識；看到請求幫助時，雙方拍胸頓首，信誓旦旦地允諾。於是，人們便也展開了欣喜的容顏迎向他們，以不設防的真誠與善良敞開心扉。

可是，當你帶著這份欣慰，帶著這份放心大膽，痛快淋漓地行走於漫漫人生長路時，卻會發現微笑原來並不都發自於內心，那笑意背後隱藏有荊棘也有陷阱。那麼，該如何避開這微笑下面的陷阱呢？大千世界，芸芸眾生，錯綜複雜的人際關係，高深莫測的人際社會心理，不得不使你正視，不得不使你細心對待。因此，為人處世還有很重要的一方面，即在這複雜的人際關係中，要掌握人際關係交往中攻防的技巧，躲開背後的襲擊。

每個人都很難從對方臉上的表情或者言談舉止來斷定其心情和目的。難過的時候，他可能微笑著巧妙地掩飾，興奮的時候，他也可能故做沉思低頭不語。因此，這時他說出來的話、做出來的事不一定出自於內心的本意。這正如同人們平時所說的那句話：「人人都戴上了虛偽的面具。」這面具隨著年齡的增加，戴得越來越巧妙，越來越難以被人發覺。久而久之，這就會變為一種社會性的心理思維定勢，一種習慣。隨之而來的處世圓滑也是成熟的標誌之一。想一想自己，不也是如此嗎？自己的喜怒哀樂何曾明明白白地表露在他人面前而不加任何掩飾呢？真可謂人心難測。這是我們通曉人際交往祕訣的先決條件。

有些人裝出一副道貌岸然和藹可親的面孔，卻隱藏著內心的真實意圖。外表上對人極盡誇讚逢迎，暗地裡卻耍手段，要麼使人前進不得，要麼使人船翻人覆，甚至是落井下石。

在我們的周圍，有時，人們看到你直上青雲就會逢迎拍馬，專撿好聽的話講；有時，人們看到你事事順心，進展神速而在背後造謠生事，向上級主管進讒言，陷你於不利；有時，謊言、圈套從他們頭腦中醞釀成「捆精繩」套在你身上，使你翻身落馬；有時，他們看到你陷入困境則幸災樂禍趁機打劫。所有的這一切，我們豈能不防呢？

生活中往往有兩面三刀者，就是採取各種欺騙方法，迷惑對方，使其落入陷阱，達到自己的企圖。唐玄宗時的宰相李林甫，他陷害人時並不是一臉凶相、咄咄逼人，而是滿臉堆笑，吹捧對方，說一些甜言蜜語，暗地裡卻拿對方開刀。當時世人稱李林甫「口有蜜，腹有劍」。在當代，在我們的辦公室中，這種人亦有之，一定要提高警覺。

4. 難纏者

在辦公室中的難纏者是指毫無緣由地消耗同事的時間、精力、安寧、舒適以及金錢的人。

令人遺憾的是，法典裡沒記載任何法令，宣布難纏者的行為是非法的。防禦這類小人的唯一方法是不讓他們進入你的生活圈子，或者是擺脫他們。難纏者除了沒完沒了的糾紛之外，還會使你在其他人眼裡看起來非常討厭，因為人們普遍接受的是「物以類聚、人以群分」。你所交往的人，就像一塊霓虹燈廣告牌，總可以表明你在某一時期在成功階梯上所處的位置。

把難纏者從你的生活圈子裡排除出去也許是一件困難的事，其中一個原因是，如果你要迴避一個固執的難纏者，可能造成很多不愉快。

另一個原因是，即使你知道某人是個難纏型，你也可能為了一時的利益而把他作為例外，因為一時的利益是很誘人的。但是，這樣做是一個嚴重的錯誤。你負擔不起為此例外而付出的長期的代價。

最後，人們有一種傾向就是常常認為他人是無辜的。

人們常說這樣的話：「但是他的用意是好的。」但是他永遠不知道如何解釋「用意是好的」。

「用意是好的」這句話的意思是由於你認為某人的意圖是好的，就應該容許他消耗你的時間、精力和幸福，是嗎？

在你一生中，你已經認識了很多有益於你的人，但是你沒有足夠的時間和他們所有的人保持密切的連絡，那麼你怎麼有時間和精力去結交那些只給你帶來損耗的人呢？還是相信你的直覺吧，小心謹慎，這樣會更好些。時間一年一年地流逝，無疑，你已經發現，你的直覺也變得越來越敏銳了。判斷一個人是否是個難纏者時，所遵循的最慎重的原則是：當你沒有把握時，避開那個人！

最後，不要犯那種致命的錯誤：相信難纏者是會改變的。當然，也不要試圖去改變他。

有一個關於蠍子的寓言，最能說明這個道理：

一隻蠍子坐在池塘邊。牠看見一隻青蛙，牠問青蛙：「喂，夥計，把我帶到池塘那邊去怎麼樣？我不會游泳。」

青蛙回答說：「你又在進行欺騙了。我可沒有那麼傻，我知道你們這幫傢伙是什麼樣的。如果我讓你爬到我的背上來，你就會螫我，那我就會淹死。算了吧，別騙人啦！」

蠍子說：「我真的難以相信，你是多麼的愚蠢啊！如果我在你背上，我不會游泳，我為什麼要螫你呢？如果你淹死了，我也會淹死的。」

「哦，有道理，」青蛙想，「好吧，上來吧。」

蠍子跳到青蛙的背上，青蛙開始向池塘對岸游去。大約到了池塘中的時候，蠍子把毒刺狠狠地刺進青蛙的背裡。牠們兩個開始下沉。青蛙臨死問蠍子：「你到底為什麼要那樣做？現在我們都要淹死了。」

蠍子用它臨死前的最後一口氣答道：「我是忍不住這樣做的啊，這是我的本性。」

一旦成為難纏者，難纏就是他的本性。正如一則古代諺語告訴我們的：「江山易改，本性難移。」

你要使自己的生活簡單化，不要自我欺騙，不要相信難纏者會改變本性。

一旦某人開始消耗你的時間和精力，你就要把他從你的生活圈子裡完全驅除出去，儘量減少損失。

在一個小的不幸事件發生之後，千萬不要再讓大門敞開著，因為更大的不幸正等著進來，不道德的性格中惡性的東西如果不及時控制，就會發展和蔓延。

5.假認真型

辦公室裡有這樣一種人：表面上原則性強，骨子裡卻是個偽君子。這種人工作起來非常「認真」，簡直令人難以相信。他們自命不凡，對一般人的生活方式不屑一顧。每當不高興時，便當場指責部屬「你這傢伙真笨」、「你簡直像個鄉巴佬，真是沒見識」。這種人大多帶有神經質的傾向，平時橫行霸道，粗言粗語使人難以下台。如果你碰上這樣的主管，恐怕只有躲的份了。俗話說得好，惹不起還躲得起！

喬治現年四十九歲，是某大石油化學公司業務部的經理，因為喬治反應靈敏，所以比同期進入公司的人升遷得更快。

喬治是一位神經質的人，每當痛罵部屬時，眼神會發射出兩道兇狠的光

芒，而且眉宇之間也會豎起兩條縱型的皺紋，看上去十分恐怖。

喬治在私生活方面非常專制，他總是不顧自己女兒的意願，一心一意地想把女兒嫁給有權有勢有地位的人。其實與其說喬治是為女兒的幸福著想，不如說是為了贏得別人的高評價，以滿足自己的私慾。

喬治很在意別人對自己的看法，無論是太太、女兒、親戚、朋友、鄰居等，都會不斷地詢問他們對自己的看法，所以，使得周圍的人感到壓力很大，甚至於一見到喬治就會開始緊張。

喬治是一位完美主義者，經常認真得近乎神經質，即使是以完美聞名的喬治太太，也無法與之相比。

喬治太太說：「我先生每天早晨固定七點整起床，洗過臉刮完鬍子是七點十五分，七點十七分準時吃早餐，七點三十五分以前一定把早餐吃完。」據說喬治家裡的花瓶，即使稍微移動一公分，喬治也一定要求擺正，至於喬治的洗澡時間，冬天二十五分鐘，夏天十二分鐘，絕對不會多一分鐘或少一分鐘。這種過分認真的態度，使得他的家人都感到非常厭惡。

此外，喬治對於工作，也是保持認真態度。但他那種認真的態度，卻幾乎近於不正常。所以部屬們都在背後稱呼他「小時鐘人」。

喬治不但對自己的生活態度非常認真，而且也要求部下要學習他這種認真的態度。他非常注意別人的缺點，當部屬稍微粗心大意時，喬治就顯得很不高興。

「經理，你是不是也感覺今天天氣特別炎熱，剛才聽氣象預報說，今天最高氣溫高達三十六度呢！」

喬治生氣地對部屬怒吼：

「你為什麼如此隨便呢？什麼三十六度，應該是三十六點三度……聽到了沒有……。」

經年累月地壓抑自己情緒的喬治，與傳說中的狼人一樣，大約每個月都會失去理智地亂發脾氣，但是，他發脾氣的對象絕對不會是上司，而是職位比他低的同事或部屬。

曾經與喬治一同去喝花酒的部屬說道：

「和經理一起喝酒，千萬不可超過十點，那個人哪！沒有酒品，時常酒後亂性，你如果看到他酒後的那副德性，一定覺得不可思議……。」

喬治酒後所說的話，往往粗俗不堪入耳，一些平時所聽不到的話：「你這個混蛋」、「你這個討厭鬼」、「你竟敢瞧不起老子我……」之類的粗

俗話語，會源源而出。

此外，喬治非常瞧不起人，而且喜歡批評別人，但卻不容許他人批評自己的過失，自以為是完美無瑕的聖人。

面對這樣一個假「認真」的冷面上司，作為他的部屬一定會感到非常壓抑。躲避冷面上司攻擊的有效方法便是循規蹈矩，工作認真守時，使其無懈可擊，並盡可能做到處事嚴謹，以免因激起對方反感而給自己平添無謂的麻煩。

6.有「黃腔」者

作為辦公室的一員，身邊免不了會出現一兩個有「黃腔」的人，喜歡占同事、尤其是女同事的便宜。這種人心地不壞，有時也樂於助人，但就是愛討言語便宜。說話絕不沾半個黃字，卻無不意會著「色彩」，讓人哭笑不得，又著實令人討厭。

莉娜和大衛在一間辦公室辦公。大衛是個五十來歲的人，看上去就讓人覺得是個溫和忠厚的長者，能力也很強，而且還樂於助人，平時工作上有問題向他請教，總是能得到滿意的答覆。但就有一個毛病，看見女同事（特別是美女）眼睛就賊亮賊亮，整天滿嘴「葷」話。大衛一講「葷」話莉娜就來氣，見莉娜容易惱，他更是經常來找莉娜，對他狠也不行，不狠也不行。

有一天大衛到莉娜桌上插手機充電（其實他們每人桌上都有個插座），對莉娜說：「我插到妳那兒了，妳那兒空著也是空著……」

旁邊的人一個勁暗笑，莉娜氣壞了，又不好不給大衛插。

辦公室沒人時莉娜軟語相求：「我很尊重你，把你當老大哥看，請你以後不要再當人面講那些話了。」大衛嬉皮笑臉地說：「好好，不當人講，私下講成吧？」好容易嘴巴乾淨了一天，到了快下班時又湊上來了：「喂，我今天一天什麼也沒講吧！」搞得莉娜哭笑不得！

部門辦一個大型活動，莉娜為工作和大衛多談了一點，他又得意了，說：「我幫妳有什麼好處？這回一定要兌現了吧？」莉娜真想臭罵他一頓，但畢竟是同事，抬頭不見低頭見的，不好翻臉。有一天莉娜對辦公室的一位女同事講了這事，她說：「妳不要惱，妳一惱他更得意，碰到這種男人，只要有一次叫他下不了台，他就老實了。」有一天，收拾大衛的機會來了，但不是莉娜，是那位女同事。這天，大衛當面和那位女同事說「葷」話，不知怎麼說到了脫衣服，本來就很潑辣的女同事拍著桌子說：「你先脫！脫一件我給你五十塊！你脫呀！」說著將十張百元大鈔摔在桌上，大衛一

下嚇到了，這天莉娜感到分外愉快！

我們在為莉娜感到高興的時候，能不能想出一種既有效又含蓄的辦法，對付像大衛這樣靠開黃色玩笑打發上班時光的男人呢？當然能。

第一種方法，裝傻。他們說他們的，你不理睬，但臉上可以帶點微笑，不必板著臉。這一方面可以表現你的修養，一方面可以表示絲毫不接受暗示。

第二種方法，微慍。男人說黃話是很普遍的，這大約也是性別的特點，你應該理解。在他們說的過程中，溫和地罵上幾句，或者說「不要臉」，或者說「不像話」，總之不要真發火。

第三種方法，還擊。遇到特別令人討厭的男人，可以毫不留情地進行還擊，不必有所顧慮。正如一些女人所說，只要有一次讓他下不了台，他就老實了。對那些屢教不改的，可以在辦公室的牆上貼張「守則」，讓大家來共同監督。

7. 狐假虎威者

有個絕妙的比喻：企業好比一棵大樹，樹上攀滿了猴子。站在樹上，往左右看都是耳目，往下看都是笑臉，往上看都是屁股。要想少看屁股多見笑臉，唯有向上高攀。正如樹幹的分布一樣，在企業內，越到高處可供盤踞的位置越少。因此，我們中的絕大多數人，恐怕一輩子只能仰起笑臉看上頭的屁股，碰到待人苛刻或脾氣暴躁的老闆，更不免挨訓受氣。

狐假虎威者大約分為以下兩種人：

◎間接型。文森在一家企業擔任人事經理已經兩年多了。三個月前，公司準備在北京、深圳兩地建立分公司，招兵買馬的工作自然落到文森的頭上，而文森也希望趁機為自己招一個副手。

就在文森準備刊登招聘廣告時，總經理卻告訴他，已經給他找了個副手。這位副手是總經理的朋友，一位三十多歲的女士。這位女士仗著與總經理的關係，她對文森一百個看不慣，而總經理也是處處偏袒她。

「我真奇怪，怎麼招了這樣一個沒水準的人？根本無法共事。」文森向副總抱怨。副總勸他忍一忍。但不久後，聽說總經理準備提升副手當人事總監了。文森只好準備辭職。

遇到這種同事，別先顧著生氣或吵架，更不能向老闆告狀，那只會招來更大的麻煩。既然已經成為同事，為了日後工作順利，應嘗試與她交朋友，想辦法改善關係，儘量不要發生正面衝突。還有，要有防範意識，學會「留

一手」，化被動為主動。實在不行再考慮跳槽不遲。

◎直接型。凱文大學剛畢業就在一家剛成立的電腦公司做業務。他說自己是巨石下的小草，要拼命挺直身子。但一段時間下來，他發現自己辛辛苦苦連絡的客戶，在老闆眼裡都成了部門經理的業績。

凱文的部門經理資歷頗深，有多年的市場銷售經驗。凱文是新人，經理便以「老鳥」的身份處處「關照」，就連凱文的業績也不放過，凱文很鬱悶。如果不是就業形勢不樂觀，他早去尋找新公司了。

像這種直接型狐假虎威者一般為主管等有一定「權力」的人，所以又稱「搶功型」。遇到這種愛「搶功」的上司，這口氣的確難以下咽，與其恨得「咬牙切齒」，不如想辦法對付他。平日不妨在閒聊中多透露自己的工作進展，讓其他同事知道你在做什麼。有機會與其他主管接觸時，也要多談談自己的工作，讓上司無機可乘。一味地忍氣吞聲不是辦法。

8.喜歡流言者

你的同事當中，也許有這樣一種人：他們到處散布別人的流言蜚語，搬弄是非。這類人也許只是沒事練練舌頭，或者增加一點茶餘飯後的聊天話題，但他們的言辭卻對別人產生了很大的影響。

雪莉為人善良，又十分好強。高中畢業後，她進了一家工廠，廠裡就將她們一同進廠的四十個女同事進行培訓。四個月以後，只有雪莉一人分到辦公室工作，其他人全分到工廠。雪莉很高興，在辦公室工作許多事要從頭學起，她虛心向老同事請教，勤奮學習，細心觀察別人對問題的處理方法。雪莉這個人反應靈敏，做事也有一定的能力。就在工作取得一定成績的時候，她聽到別人的議論，說她是靠不正當手段進部門的，說她與上司的關係不一般等等閒話。

雪莉的上司有能力，但名聲的確不好，而且粗魯，經常開過頭的玩笑。雪莉對他也很看不慣，但畢竟是上司，又能怎麼樣？所以雪莉對他敬而遠之。可是有些同事總是背後議論她的品行，他們這些無中生有的議論，使雪莉心理壓力很大，她沒有使用任何手段使自己分到這個工作，她自認為是憑自己的本事得到這一份工作的。可是「人言可畏」！自從聽到傳言之後，雪莉處處小心，感到孤獨、煩惱，工作積極性不高，精力很難集中起來，她該怎麼辦呢？

雪莉就是一位典型的被流言所傷的受害者，男女關係是愛搬弄是非者最喜歡傳播的小道消息之一。當然，這類同事散布流言不只有是這一方面，

他們散布的話題非常廣泛，比如，你工作有了一些成績、家庭出現一些問題，甚至多接幾個電話都會有流言產生。流言蜚語是軟刀子殺人，使人陷入深深的痛苦之中而不能自拔。

那麼，應該如何對待這些流言呢？

要提高認識，人與人之間產生一些誤會，有一些流言是不奇怪的。特別是有些人，為了自己的利益，總想製造一些謠言來騷擾別人。如果你由此十分生氣，甚至痛不欲生，那大可不必如此。

如果在事情發生以前，你有了充分的認識，那麼在受到不公正待遇時就不會影響你的情緒和生活，同時也說明你是一個意志十分堅強、頭腦十分清楚的人。要提高對流言蜚語的認識，與那些喜歡搬弄是非的同事坦然相處。

事實上，有時候有些流言不容我們坦然處之，那些搬弄是非者散布某些流言不只有是因為閒著無聊，而是有一定目的的。

也正因為如此，我們對搬弄是非者應當區別對待，那就是要根據流言的性質和產生的影響程度，選擇恰當的方法。

如果是一般的閒言碎語，那麼就可以採取與對方交換意見、進行解釋等方式。如果流言屬於惡意誹謗的性質，而且證據確鑿，那麼，就應該訴諸法律。因為惡意誹謗者一般是不可能用交換意見的辦法來解決的。

強尼與裘蒂在同部門工作。有一天，強尼與裘蒂去市區辦事時在門口被同部門的保羅發現。從此以後，保羅就到處散布強尼與裘蒂有不正當關係的消息，對裘蒂和強尼的工作、家庭和生活產生了極其惡劣的影響。一個月以後的某天下午，強尼的妻子得知後趕到裘蒂住宅樓下辱罵裘蒂。

裘蒂由此精神受到刺激，家庭關係日趨緊張，她想不開竟割脈自殺，後經搶救脫險。

法院以誹謗罪判處保羅管訓一年，附帶民事賠償一百萬元。

如果你周圍存在這種愛搬弄是非的難纏者，而你又不幸成為他搬弄是非的對象，那麼在必要情況下，你就應當使用方法律手段加以解決。因為只有這樣才能保護你自己的合法權益不受損害，才能維護你的名聲和信譽，才能徹底消除流言對你的負面影響。

人們都覺得與搬弄是非者很難相處，其難點在於他抱怨太多而很少有你插話的機會。如果你能提前與這些無事生非者在某個共同的事情上進行交流與合作，那麼通常是可以避免受到他傷害的。

在與搬弄是非者交往中，你可以採用以下的方法：

◎給予拒絕。與不同類型的人交往要有不同的表現形式。與比自己強的人交往，需要誠懇、虛心；與不如自己的人交往，需要謙和、平等；而和那些搬弄是非的人交往，則需要正直、坦蕩。

拒絕答應為同事間的閒言碎語或是流言蜚語保密，有問題就擺在台面上，以便大家共同解決。認識事物要有正確的方法，要有一定的是非標準。一句話，就是看問題要全面，要有自己的見解，要不偏不倚，不能偏聽偏信。

背後議論別人是一種不道德的行為，幫助別人改正這種習慣也是應該的。幫助搬弄是非者改變這種惡習行之有效的方法是：尊重對方，以朋友式的姿態善意地規勸對方，要向他表示你的誠意和立場，適當的時候還要與他合作。再就是，想法巧妙地引導對方獲得正確的世界觀和方法論。

◎置之不理。有些人搬弄是非的惡習已成為其性格特點，那麼你就乾脆不要理他。

不要認為那些把是非告訴你的人是對你信任的表現，他們很可能是希望從中得到更多的談話資料，從你的反應中再編造故事。所以，聰明的人不會與這種人推心置腹。而令他遠離你的辦法，是對任何有關傳聞反應冷淡，置之不理，不做回答。

◎不宜過多交往。有時候，儘管你聽到關於自己的是非後感到憤慨，表面上你必須努力控制自己的情緒，保持頭腦冷靜、清醒。你可以這樣回答：「啊，是嗎？人家有表示不滿、發表意見的權利嘛。」或者說：「謝謝你告訴我這個消息，請放心，我不會在意的。」如此，對方會感到無趣，他也不會再來糾纏不休了。

如對方總是不厭其煩地把不利於你的是非輾轉相告，以致對你的情緒造成莫大的負面影響，你應拒絕和他見面或不接他的電話，此類人不宜過多交往。

【第五章】以平常心對待名利榮辱

得意忘形是幼稚的表現，它會招來同事對你的反感；眼紅妒嫉是弱者常犯的毛病，它無法提升你的進取精神。保持自己的平常心才是成熟的表現。

工作秘笈 淡化同事的妒忌心

仔細觀察，你就可以發現，在辦公室裡引發妒嫉的條件主要有四種：

1. 各方面條件與自己相同或不如自己的人居於優位。
2. 自己所厭惡而輕視的人居於優位。
3. 與自己同性別的人居於優位。
4. 比自己更高明的人居於優位。

由於妒嫉心是在本人還未覺察時透過迅速無比的心理檢查而產生的，所以，這四個條件中任何一個若與下列否定條件重複，妒嫉將不再產生：

1. 本人無意加以比較，或看破了情勢，認為自己無法達到那麼一個高度，或二者生活在不同層次的世界。
2. 妒嫉的對象不在自己身邊。
3. 透過艱苦努力得到的結果。

根據產生妒嫉心理的這些基本條件和否定條件，我們完全有可能找到一

些淡化妒嫉的有效辦法。記住，淡化妒嫉也就是淡化優位——你不比別人強，別人妒嫉你什麼？（雖然明擺著比別人強，但還要從情感上和大家走在一起，認為自己不比別人強，這樣表現讓別人反倒不再妒嫉你，也會認為你是靠自己的努力得來的優位。）具體而言，有以下幾種方法：

1.介紹自己的優位時，強調外在因素以沖淡優位

你被派去單獨辦事，別人去沒辦成，而你卻一下子辦妥了。這時，你若開口閉口「我怎麼怎麼」，只能顯出你比別人高一籌，聰明能幹（在別人面前誇耀，實在是最笨的一種做法，以為大家沒有眼睛呀！），而招致妒嫉。如果你這麼說：「我能辦妥這件事，是因為我賣力肯幹。」就容易讓人覺得你處於優位是理所當然的，因而會妒嫉你的能幹。

但你要這麼說：「我能辦妥這件事，一方面是因為前面的同事去過了，打下了基礎，另一方面多虧了當地客戶的大力幫助。」這就將辦妥事的功勞歸於「我」以外的外在因素「前面的同事和客戶」中去了，從而使人產生「還沒忘了我的苦勞，我要是有別人的大力幫助也能辦妥」這樣的藉以自慰的想法，心理上得到了暫時平衡。「我」在無形中便被淡化了優位（其實你的功勞，主管和多數同事是看得很清楚的，不要以為這樣說就會淡化

了自己的功勞）。

2.言及自己的優位時，不宜喜形於色，應謙和有禮以淡化優位

人處於優位自是可喜可賀的事。加上別人一提起一奉承，更是容易陶醉而喜形於色，這會無形中加深別人的妒嫉。所以，面對別人的讚許恭賀，應謙和有禮、虛心，不只有能顯示出自己的君子風度，淡化別人對你的妒嫉，而且能博得對你的敬佩。請看下例：

「約翰，你畢業一年多就提了業務廠長，真了不起，大有前途呀！恭喜你啊！」在外部門工作的朋友凱文十分欽佩地說。「沒什麼，沒什麼，老兄你過獎了。主要是我們這裡風水好，主管和同事們抬舉我。」約翰見同一年大學畢業的凱文在辦公室裡，便壓抑著內心的欣喜，謙虛地回答。凱文雖然也妒嫉約翰的提拔，但見他這麼謙虛，也就笑盈盈地主動招呼約翰的朋友凱文：「來玩了？請坐啊！」

不難想像，約翰此時如果說什麼「憑我的水準和能力早可以提拔了」之類的話，凱文就會更加妒嫉，進而與約翰更加難以相處。

3.不宜在優位者的同事、朋友面前特意誇獎優位者

顯然，誰都希望處於優位而得到他人的誇獎，但事實上總會有懸殊的差別。當同事、朋友各方面條件都差不多，其中有人處於優位，別人若不提及，有時還不覺得。一旦有人提起，其他人聽了就不好受，難免會妒火中燒。所以，作為不會對此妒嫉的旁人，一定不要在優位者的同事、朋友等多人面前特意誇獎優位者。否則，不只有會引發和加強其對優位者的妒嫉，還可能同時妒嫉你與優位者的「密切關係」。

某部門企劃部同仁凱文在較有影響的報刊上發表了幾篇學術文章。同事約翰在主管史蒂文面前羨慕地誇獎道：「凱文真不錯，最近又有一篇文章在某某刊物上發表了！」史蒂文頓時止住笑容，酸溜溜地說：「他有那麼多閒工夫，發表兩篇文章有什麼了不起！」約翰見狀，自知失言，讓史蒂文覺得面子掛不住，不無尷尬地點頭笑了笑，走出辦公室。這裡，約翰就是犯了大忌：在可能產生妒嫉的敏感區偏偏又增添了引發妒嫉的「發酵劑」。

4. 突出自身的劣勢，故意示弱以淡化優位

如同「中和反應」一樣，一個人身上的劣勢往往能淡化其優勢，給人以「平平常常」的印象。當你處於優位時，注意突出自己的劣勢，就會減輕

妒嫉者的心理壓力，產生一種「哦，他也和我一樣無能」的心理平衡感覺，從而淡化乃至免去對你的妒嫉（其實你並不比他「無能」）。

比如，你是大學剛畢業的新教師，對最新的教育理論有較深的研究，講課亦頗受同學歡迎，以致引起一些任教多年卻缺乏這方面研究的老教師的強烈妒嫉。這時，你若坦誠地公開、突出自己的劣勢：教學經驗一點都沒有、對學校和學生的情況很不熟悉等等，再輔以「希望老教師們多多指教」的謙虛話，無疑會有效淡化自己的優位，襯出對方的優位，減輕弱化老教師對你的妒嫉（其實在生活中，每個人都有自己優於別人的地方，也有不如別人的地方。顯示自己不如別人的地方，並虛心向別人學習，也正是為了鞏固自己的優位，一種在不被他人妒嫉的情況下的鞏固）。

5.不宜當眾說「我們怎麼怎麼」，而給人以「厚此薄彼」之嫌

在眾人面前談一某群體中的某人時，你若說「我們很要好」、「我倆情同手足」、「我和你們部門的某某交情很深」之類的話，對方很容易產生「你厚他薄我」的冷落感。因為這種複數關係稱謂具有明顯的排他性。對方會覺得被你稱為「我們」中的人員是優位的而滋生妒嫉。

6.強調獲得優位的「艱苦歷程」以淡化妒嫉

透過艱苦努力所取得的成果很少被人妒嫉，如果我們處於優位確實是透過自己的艱苦努力得到的，那麼不妨將此「艱苦歷程」訴諸他人，加以強調以引人同情，減少妒嫉。

7.切忌在同性中談及敏感的事情

◎女性之間的妒嫉多半因容貌而起。女人愛妒嫉，妒嫉可以說是女人的明顯特徵之一。而女人又往往因為容貌姿色才處於優位。所以，女人對容貌、衣著以及風度氣質所帶來的愛情生活、夫妻關係等相當敏感，很容易產生妒嫉。

◎男人之間的妒嫉大多因名譽、地位、功業所致。男人對社會活動能力、工作業績、創造手段等最為關注，也最易導致相互妒嫉。

工作祕笈 克服嫉妒之心的困擾

當你在辦公室感受到嫉妒時，必定置身某種競爭之中。嫉妒的原因很簡單：抑或同事的工作成就；抑或同事所穿新裝的亮麗；抑或同事所居的花園洋房。你的目標就是擊敗「對手」。

你或許以為你嫉妒某人，但後來仔細觀察卻發現，你嫉妒的並不是這個人，不是他的作為，也並非他所擁有的一切。其實，嫉妒來自自己的興趣和自毀的傾向，你會嫉妒是因為你拿自己和別人相比，看到自己的表現不如其他人好、有吸引力等等。你參加的是一面倒的戰爭，對手其實是你自己。

嫉妒常被稱為綠眼睛的惡魔。如果你對某人懷有嫉妒之心，可以確定的是，它不只有會傷害到你這些情緒所直指的人，而且你所受到的傷害可能更甚於他們。

嫉妒就像疾病一樣，他們會在你體內不斷損害侵蝕你。一般而言，嫉妒常常會使友誼破裂。

有一位中年的新聞從業人員，他非常嫉妒他一位出了名的小說家朋友，

也嫉妒他朋友所出的書。而另一方面，他那位小說家朋友卻嫉妒這位新聞工作者由於一篇大眾皆知的出色報導而被提名角逐普利茲獎，因為這個獎項是那位小說家根本沾不上邊的殊榮。結果這兩位朋友從此話都不說了。

底特律常被稱作「車城」，就跟紐約是「大蘋果」、達拉斯是「大Ｄ」一樣。而全美國最成功的唱片工業之一即始於車城，那就是車城唱片公司。車城捧紅過許許多多的歌星，像頂峰合唱團、黛安娜・羅斯、傑克森家族、羅賓森、斯蒂夫・旺達和馬文・蓋等等。如果這些人成為娛樂圈裡其他人羨慕和嫉妒的目標，是很合理的事。事實上，演員、歌星和舞蹈演員所面對來自其他同行的嫉妒，可能是其他人遠不及的。這或許是因為他們收入高，影迷歌迷們對他們的崇拜，以及他們擁有的廣大影響力。

然而，有一些已經紅了二、三十年的演藝人員，公開表示對某位新出現的歌星、舞星和演員的支援。老一輩的佼佼者已將這種美德發揚光大，他們明白對新出道人員羨慕與嫉妒是無濟於事的。那些新出現的人為了能夠大紅大紫，當然要付出相當的代價，就像那些已經成名的人當初所做的一樣。不論它表現在哪一方面，才能是最重要的；而我們對於他人的成就所感受到的情緒，應該只有為對方感到驕傲。

當你努力攀登頂峰時，把對他人的嫉妒轉化為對他們的敬重。不要只是說：「我希望能夠跟他或她一樣。」你應該腳踏實地去做一些事，才能使自己跟他或她一樣有成就。既然羨慕與嫉妒的情緒並不能讓你由板凳隊員成為場上主力，那你為什麼還要坐在場邊任由這種情緒氾濫呢？

如果你總是在操心別人在做些什麼，以及他們是如何做的，你會發現你攀登頂峰的路途充滿荊棘。

當你眼見別人表現得非常好，看到他們的成功或者正在享用勝利的成果，就好好看看他有什麼是你可以借鑑的。可能只是一個微笑，也可能是他的態度、一句好話、一段時髦的話語。此時，你早已經把你的嫉妒心拋到九霄云外，同時你也將自己的本領累積起來了。

早一天改掉嫉妒這個壞毛病，就能早一天受益。以下是克服嫉妒之心的幾個有效方法：

1.想想別人好的一面，尤其是那些容易招致嫉妒的成功人士。喜歡一個人不只有是因為他是什麼人，同樣重要的是，你必須看到不是所有的人都喜歡他。如此一來，你心裡就不會有空間可以容納嫉妒了。

2.讓自己對一些有傳染性的字眼產生免疫力，例如嫉妒。並將它轉移到

身體的某個不滿意的地方，想想你手臂上或者大腿上的疤痕，它就是你的疫苗，使你不會嫉妒他人，或者成為他人嫉妒下的受害者。

3.為了戒除某個壞習慣，就是用好習慣來取代它。你也可以用同樣的方法來對付這個毛病，也就是用別的字眼來取代這些惡毒的字。例如，在你的想法裡，當你看到別人的成就和成功時，將嫉妒換成讚賞或化為高興。

4.經常設想自己應該做什麼，而不是去想別人做了什麼。如果別人獲得的成就當之無愧，就想想如何做才能夠使自己跟他們一樣，而不是嫉恨他們已有的成就。

5.將嫉妒之情昇華為努力超越的意識。染上嫉妒惡習的人應該如何克服這一性格上的弱點呢？首先要心胸開闊，正確對待在事業上和學習、生活上比自己能幹的人。其次，要充分認識嫉妒害人害己產生的惡果。嫉妒者多半把自己的主要精力和全部智慧都下意識或十分明確地用於攻擊和傷害被嫉妒一方。雖然有些嫉妒者也知道這樣做於事無補，但仍像中了邪似的受制於它。

克服消極嫉妒心理較好的辦法是：喚醒你的積極嫉妒心理，勇敢地向對手挑戰。積極嫉妒心理，必然會產生自愛、自強、自奮、競爭的行動和意識。

當你發現你正隱隱地嫉妒一個在各方面比自己能幹的同事時，你不妨反問幾個為什麼和結果如何？在你得出明確的結論之後，你會大受啟示。長時間地停留在嫉妒之火的折磨和煎熬中，並不能使自己改變面貌。要趕超他人，就必須橫下心，在學習或工作上努力，以求得事業上的成功。你不妨借嫉妒心理的強烈超越意識去奮發努力，昇華這股嫉妒之情，以此建立強大的自我意識以增加競爭的信心。

自卑感強的人容易嫉妒，因為他們想逃避現實而故意虛張聲勢，因為懼怕失敗而採取嫉妒的手法。

所以，首先要對自己的能力、潛力有一個客觀的認識。不自我誇大，亦不自我貶低。只有在自我感覺好、自我意識能力強的前提下，才能變消極嫉妒為積極嫉妒，也才能在積極嫉妒心理中獲取能力，接受競爭意識的刺激。

當然，在你反問幾個為什麼之後，你可能會覺得自己的天賦、客觀條件、知識、能力都不如人家。這也無妨，不要自卑，更不要嫉妒。你不妨再找找自己的優勢，在某一方面發揮你的優勢，在競爭中發揮你的聰明才智，從而找到你的心理位置，得到生活的樂趣。

總之，對於他人在事業上的成功，既要嫉妒，又不要嫉妒；嫉妒，就是積蓄你自己大量的精力、時間、智慧去產生應該屬於你範圍內的積極嫉妒心理；不嫉妒，就是要灑脫和不甘於落後，對自己充滿必勝的信心。這才是強者的風範。

工作秘笈

不要妒忌同事的成就

你是否發現：當辦公室的同事在事業上取得了成就後，你總喜歡拿來與自己比較。一比發現自己不如同事後，隨之就覺得不服氣，不服氣的結果往往就是妒嫉同事。

其實，嫉妒別人就是跟自己過不去。

你如果只知道在比較後嫉妒別人，而不是發現自己的不足，迎頭趕上，這不利於你的進步。不要以為別人的成績都是「幸運」來的，也不要以為「別人能獲得的，我為什麼就不能獲得」，這種想法雖然有時可以成為自己進步的動力，但有時就會轉而成為嫉妒。別人取得了進步，你要真心地欣賞、虛心地向他學習，取長補短，這樣才能發展到更高的水準。

嫉妒，就是因為自知不足，這本身就是一個促其轉變的好契機。「知恥近乎勇」，知道自己的不足，努力加以彌補，這才是積極的態度。

一八三八年，司湯達的小說《巴馬修道院》出版了。舉世聞名的文豪巴爾扎克看後，忍不住拍案叫絕。他尤其讚賞司湯達在這本小說中關於滑鐵盧戰役的描寫。巴爾扎克立即致信司湯達，表達自己的感受，信中這樣寫道：

「我簡直起了妒忌的心。是的，我禁不住自己心頭的一陣陣嫉妒，我為《軍人生活》（我的作品中最困難的部分）構想的戰爭，如今被你寫得這樣高妙，真實，我現在是又喜歡，又痛苦，又迷茫，又絕望。」但是，巴爾扎克畢竟是巴爾扎克，他的嫉妒之意轉變成了欽佩之情。他還專門寫了長篇論文《司湯達研究》，高度地評價了《巴馬修道院》，而且兩個文學家還成了朋友，在寫作上互相切磋，更有精彩之作誕生。

名滿天下的大作家巴爾扎克沒有因為司湯達把戰爭描寫得高於自己，就把嫉妒永遠存於心頭，反而與司湯達成了好朋友。但有些人卻由嫉妒而生恨，也不管是自己的同事，就搞小動作，排擠人、陷害人。深受民間喜愛的丞相寇準——「寇老西」就曾因遭嫉妒而受人暗算。

北宋景德元年（一〇〇四年），寇準出任宰相，很受皇上宋真宗的尊重。但為人奸險的王欽若卻十分嫉妒寇準。有一天散朝後，宋真宗目送寇準離去，王欽若乘機問他：「陛下尊重敬服寇準，是因為他有維護社稷，保衛國家的功勞嗎？」真宗點頭稱是。王欽若故作驚訝地說：「我沒料到您會說這樣的話。澶淵之盟，陛下不以為恥，反而認為寇準有功，這是為什麼？」宋真宗驚訝地問：「這話怎麼說？」

王欽若說：「兵臨城下締結的盟約，即使是春秋時期的小國家也認為這是一種恥辱，而今您以天下萬民之主的身份和遼國訂立澶淵之盟，實際上就是城下之盟。還有什麼能比這更讓人覺得恥辱的呢？」皇上立即顯出不快，也覺得寇準很可恨。因為當初眾臣在商議皇帝親征之事時，大臣們爭論不休，難以決定。有人問寇準是何態度，寇準就說：「只有拋灑鮮血了。」於是，就有讒佞之徒對真宗說：「陛下知道賭博嗎？當一個人錢快輸盡時，就把所有的錢都拿出來以供垂死一博，這叫作『孤注』。寇準要您親征，就是把您當作他的『孤注』。這不是很危險的行為嗎？」自從聽了這番讒言，宋真宗就對寇準產生了反感，於景德三年（一〇〇六年）罷免了寇準的宰相職務。

同事之間如果因嫉妒而你整我、我整你，冤冤相報，何時能了？而每個人每天都要繃緊神經，生活豈不是累死人。自然也就不能建立良好的同事關係了。

並且，愛嫉妒別人的人自己的日子也不好過。整天嫉妒別人，自己心裡也煩惱，老覺得別人比自己高明，對此又不能平靜，要嫉妒還要想如何算計別人。這種人活得也很累。

嫉妒，就如心靈上的腫瘤，折磨著有此「偏好」的人。嫉妒還會引發生理上的一些不良反應，醫學研究表明，嫉妒容易引起頭痛、高血壓、胃病、心臟病等，甚至還有因嫉妒而死的事情。

三國時年輕有為的周瑜因嫉妒諸葛亮的才華，發出了「既生瑜，何生亮」的感嘆，斷送了自己的生命。其實，周瑜在東吳很受孫權賞識，為孫權股肱之臣，且年僅有三十多歲，正值壯年，卻因嫉妒而亡。晉代劉伯玉的妻子因為聽到劉伯玉對曹植《洛神賦》中洛神的形象讚不絕口，竟也嫉妒得不行，投河自殺；而奧賽羅的嫉妒則使他殺死了自己的愛妻戴芬莫娜。嫉妒如此讓人短壽，傷人性命，人們是不是該去此「痼疾」，活得更滋潤、更長壽，恬然自得呢？

嫉妒心理是一種低級趣味，而恰恰有不少人都有這個毛病。其實，社會給每個人提供的創造和進取的機會是平等的，完全用不著彼此嫉妒與排擠。同事之間存在競爭，應該是你追我趕的正常競爭，而不是扯別人的後腿，拆別人的台。

有人說，外國人之間的競爭是你行我比你更行，中國人之間的競爭則是你要行我不讓你行。同事之間，你得了獎金，我什麼也沒撈得，那是因為你「巴結主管」；你被提拔重用，而我在原地踏步，是「瞎貓碰死耗子」，「沒什麼了不起的」。這種嫉妒實在是不高明，正如魯迅先生當年形容的一樣，患嫉妒病者好像是矮小的侏儒，總是瞪著不示弱的眼睛，自己不長個，卻希望把別人拉矮，和他穿同一碼的褲子才行。而外國人的那種嫉妒，卻有其可取之處，對方的成績讓自己不服氣，又不甘落後，於是就透過自己的努力，創造更好的業績，讓對方嫉妒自己。其實，英語和日語中，「嫉妒」和「羨慕」本是同一個詞。

一些國人的嫉妒，其重要原因就是不求上進，又不能容忍別人超過自己。似乎別人的成功就意味著自己的失敗。我吃粗茶淡飯，你就不能吃燕窩魚翅，哪個敢吃，就群起而攻之。於是「事修而謗興，德高而毀來」。正如韓愈所說：「怠者不能修，而忌者畏人修。」

好嫉妒者是不能處理好與同事的關係的，因為容易眼紅，生事，也沒人願與之交往。正如荀子所說：「士有妒友，則賢交不親；君有妒臣，則賢人不至。」

與同事相處，不要嫉妒同事的長進、成功。但反過來被別人嫉妒了又怎麼辦？

首先向你道喜，因為你如果不是有幾分才氣，誰會嫉妒你？如果沒有吸引人的魅力，誰會嫉妒你？如果什麼事都做不成，誰會嫉妒你？瞧不起你還來不及呢。

被別人嫉妒，是你有本事，「能遭天磨是鐵漢，不為人嫉乃庸才」。如果沒人嫉妒你，那你可是太平庸了。

其次是你大可不必斤斤計較，要吸收別人嫉妒中的合理因素和有利成分。如著名的劇作家所說：「不必怨恨嘲諷與嫉妒，它的每一次到來，都是前進的動力。」要正確地對待別人、對待自己，發現自己的「白璧微瑕」，加以完善，轉化為前進的動力。

對於一些毫無根由的嫉妒，大可不必理會。這一點我們要向我國著名民主人士黃炎培老先生學習。黃炎培，字任之，他在解釋為何取這個字時，說：「這有兩重意思。其一是對自己該做的事、對國家該負的責任，堅決勇敢地擔負起來，任之。其二是對無所謂的事、無聊的流言等等，不管它，由它去，任之。」這是對待同事嫉妒最有效的態度。

法國作家司湯達說：「嫉妒，是諸惡德中最大的惡德。」培根也說過：「嫉妒畢竟是一種卑劣下賤的情慾，因此它乃是一種屬於惡魔的素質。惡魔所以趁著黑夜到麥地裡種上稗子，那是因為他嫉妒別人的豐收啊！」

嫉妒是如此令人討厭、讓人痛恨。在同事相處之中，可不要犯了這種毛病，至於被別人嫉妒，如上所述，不妨作為前進的動力，或者不予理睬。「走自己的路，讓別人去說吧！」佛羅倫薩詩人但丁如是說。

工作祕笈 處好關係是合作雙贏的基礎

作為辦公室的成員，基本要花費一半以上的時間和精力用來處理各種複雜的人際關係。能否較好地掌握協調人際關係的藝術，直接影響到是否能與同事良好地開展合作。

同事之間的溝通能減少摩擦，克服內耗，解決矛盾，是辦公室成員和諧發展的橋樑。

溝通要講究剛柔相濟。按傳統的分類方法，溝通的手段不外乎兩大類：一是剛性溝通，即透過公司的規定、行政的手段和公事公辦的態度強制性地解決問題，這類溝通在特定情況下非用不可，否則「當斷不斷，反受其亂」；二是柔性溝通，即透過合作、妥協、商量、暗示等方式平緩、委婉地轉移話題，這類溝通在工作中被普遍採用。在溝通中講究剛柔相濟，就是該剛則剛，宜柔則柔，該剛柔並舉時則雙管齊下，就是我們所講的彈性溝通。

辦公室裡人與人之間的關係，不管如何複雜，大體可以分為三類：一種是「如魚得水」類，各方面都比較融洽；一種是「過得去」類，馬馬虎虎，平平和和，說長道短的不多，親密接觸的也不多；一種是「關係緊張」類，這類人數不會很多，但不會比「如魚得水」類的人數少，大多數的人是屬於中間狀態。在辦公室裡關係處理得好，同事之間和諧、融洽，自己工作起來也如魚得水，自然精神愉快，樂趣盎然。關係處理不好，同事之間別彆扭扭，上下左右疙疙瘩瘩，自己苦惱不堪，工作也顯得沒有光彩。

曾經有位心理學家做了一個非常巧妙的實驗：實驗人員讓兩組參加者向同一位女士打電話。告訴第一組說，對方是一個冷酷、呆板、枯燥、乏味的人。告訴第二組說，對方是一個熱情、活潑、開朗、有趣的人。結果，發現後一組的參加者與那位女士交談得很投機，通話時間也明顯比前一組的參加者時間長。而前一組參加者與女士的交談很難順利地進行下去。

出現這種情況的原因是顯而易見的，你事先的想像或看法決定了你的交往方式，內含你的語言訊息和非語言訊息都會受到預先現象的影響。

喬治工作的公司有幾個韓國人，而他曾經對韓國人很不以為然。有一次，經理分了一名叫朴恩哲的韓國人到喬治所在部門。喬治因為自己的成見總是有意無意地與朴恩哲保持距離。朴恩哲似乎感到了什麼，也就不說話了。事後，喬治開始尋找為什麼不能與朴恩哲愉快地交流下去的原因，

發覺自己對韓國人存在著一些歧見，並認為所有的韓國人都這樣。於是，遇到朴恩哲的時候，他的那些原先的看法使他用「有色眼鏡」去看朴恩哲，這樣，影響了他與朴恩哲的正常交流。

「後來，我儘量站在一個客觀的立場上與他交流，發現他談吐風趣，自然大方。我們的交談氣氛也逐漸變得十分熱烈。現在，我們已經成為了好朋友。」喬治說：「經過這件事後，我反省了以往失敗的交往，發覺許多時候都是因為我事先對他人抱有消極的看法所造成的。」

奧地利著名的心理學家佛洛伊德的潛意識理論告訴我們，人的言行舉止受無意識的態度、觀念的影響和支配，這些未經意識過濾的態度、觀念會透過微妙的途徑傳達到對方身上，從而成為未經驗證的「事實」。試想，假如這些態度和觀念是消極的、敵意的，會產生什麼後果就可想而知了。

並且，在人際互動中，人們都會保持心理平衡的需要。你怎麼看別人，別人就怎麼看你；你怎麼對待別人，別人就怎麼對待你。否則，對方就會感到不平衡。所以如果你事先對他人有一些消極的看法，那麼，這些看法勢必會無意識地流露出來，表現在你的語言或非語言的訊息上。而對方覺察到你發出的訊息後，也會做出相應的反應。

小青蛙和小烏龜在一起喝可樂。小青蛙喝完自己的一份後，就對小烏龜說：

「你去外面幫我拿一下可樂。」

小烏龜剛走兩三步，就不走了，回頭說：

「你肯定是支開我後，要把我的可樂喝掉！」

「這怎麼可能？你要相信我啊！」

經小青蛙一再保證，小烏龜同意了。

一個小時過去了，小青蛙耐心等著——兩個小時過去了，小烏龜還沒有回來——

三個小時過去了，小烏龜仍然未見回來。這時，小青蛙想：

「小烏龜肯定不會回來了。牠一個人在外面喝可樂。怎麼能會回來呢？我乾脆把牠這一份也喝了！」

小烏龜就像從天而降，站在小青蛙面前，氣沖沖地說：

「我早就知道，你要喝我的可樂！」

「你怎麼會知道呢？」小青蛙尷尬而不解地問。

「哼！」小烏龜氣憤地說：「我在門外已經站了三個小時了！」

這就是消極論斷，驗證自我。根據自已的猜疑、臆測，主動尋找支援消極心態的理由和證據。

現實生活中，這樣的事隨時隨地都在發生，而我們往往不以為然。比如聽說有人打自己的小報告，首先就會懷疑某人，然後觀察、監視，越看越像，你會發現，那個「嫌疑」人說話走路都與以前不同了。還會進一步驗證：「當然啦！他昨天與我對面走過，連頭都不敢抬。他在躲著我，做賊心虛了！」而結果往往是自己錯的時候多。

在辦公室裡交往中，你對別人的態度和別人對你的態度事實上是一致的，甚至可以說是一樣的。一位心理學家曾經說過，我們往往能夠從別人的臉上讀到自己的表情。這話深刻地揭示了人際交往中預期態度決定交往成敗的心理根據。

你必須能夠對任何人、事、物都保持興趣，而且只要有必要，就應一直保持下去，如果你無法做到這一點，你將失去良好的人際關係。

在他人需要你的注意時給予注意，這比只是說些恭維的話要來得有效果，做個好聽眾比做個善於言辭的人更能取得好效果。如果你玩弄口袋中的小東西，不時地看手錶或頻頻將目光移開的話，對和你談話的人來說實在是一種侮辱。此時不但你會漏掉談話中的重要部分，對方也會馬上察覺出你對談話不感興趣，而不再談下去。

古希臘哲學家蘇格拉底曾經說過：「不要靠餽贈來獲得一個朋友。你須貢獻你摯情的愛，學習怎麼用正當的方法來贏得一個人的心。」辦公室裡正當的溝通方法很多，但貢獻自己對同事「摯情的愛」，是至關重要的。生活是不能沒有「愛」的，有了愛，才有熱情，才有追求，才有進取。陌生人之間，也同樣如此。俗話說得好：「投桃報李。」你敬別人一寸，別人就可能敬你一尺，你付出了「摯情的愛」，別人不可能給你「滿腔的恨」。所以，貢獻自己「摯情的愛」，應該是我們為人處世的基本態度，是我們彈性溝通的出發點。

「摯情的愛」，表現在辦公室的人際交往中，首先是應該寬容待人。一個部門和一個集體，是由各種各樣的人組成的，這些人有不同的思想性格、興趣愛好與生活習慣。有的人熱情開朗，有的人沉靜踏實，有的人性格急躁，有的人心胸狹窄。就是在一個家庭裡，也可能有著各種不同個性的家庭成員。人，處在這樣的情況下怎麼辦呢?唯一正當的辦法就是「寬容」，滿懷熱情地和人們相處，容忍並且誠心地尊重別人與自己不同的性格、興

趣和生活方式，還要主動地瞭解別人的性格特徵，熟悉別人的生活習慣，在這個基礎上造成和諧融洽的人際環境。

有些人的同事關係不好，常常是因為不喜歡同事的個性而產生的一些恩怨糾紛，在工作上不能很好合作，甚至互相為難；反之，對於自己合得來的人，則不惜犧牲原則，給予種種方便。如果採取的是這種方法，當然要招致不良的後果。正確的態度，就應該拋棄個人的成見，即使對某個同事有何種不好的看法，不喜歡與他（她）私下相處，可在工作上還應該保持合作的關係，絕不故意為難；最好還應該在工作上多關心他（她），解決困難，同心協力做好工作。你當然可以在下班後不跟他（她）相處，不成為朋友，但對於工作卻必須要有寬厚的涵養。另外，對私人交情好的同事朋友，也不能放棄原則，姑息遷就他們的缺點與錯誤，這既是對朋友人格的負責，也是對自己人格的負責。倘若你在每個職業中都能夠這樣做，日久天長，就必定會得到別人的信任，並確立自己的威信，建立良好的人際關係。

寬容人，還應該做到「樂道人之善」。對待同事，要多看其長處，多學其優點，不能看自己是「一朵花」，看別人就是「一塊疤」。每個部門都可以看到這樣一種人：他對自己所做的工作一點一滴都記在心頭、掛在嘴上，挑剔別人的毛病也絕無遺留，說起來如數家珍。而對自己的毛病、別人的長處，則一概緘口不語。這種人往往被人們嗤之以鼻，被稱之為「不團結因子」。

「樂道人之善」，一方面要注意不能因為自己比別人做的工作多一點或能力強一點，就沾沾自喜，瞧人不上眼；另一方面還要善於發現別人的優點、長處，對他人工作成績多加褒揚。這樣不只有顯示出了自己虛懷若谷的風度，有益於人際之間的團結，對自己的成長與進步也會有好處。當然，對自己的評價、對別人的長處都應該是實事求是、恰如其分的，如果不顧事實或誇大其詞，效果就會適得其反，也有損自己的人格。

同事之間相處，要想完全避免矛盾，避免人際糾紛，也是難以辦到的。有些問題，由於人與人的思想觀念、知識結構、生活經歷不同，必然會產生不同的看法和意見，出現一些爭執，甚至是爭吵。而有的人是不善於隱瞞自己的觀點的。事實上，也沒有必要因意見、觀點與他人不同而掩飾自己的真實感情，隱瞞自己的觀點，如果讓別人覺得你是在遮遮掩掩，反倒會給人留下虛假的印象。所以，迴避矛盾，隨便附和都是不妥當的。也許

這些爭論與爭執，起因互不相同，但坦蕩直率比虛假迴避要好，比較容易使人與人之間達到互相瞭解、真心相交的目的。

英國作家薩克雷在他的著名小說《名利場》中，借女主人公愛米麗亞之口說道：「世界是一面鏡子，每個人都可以在裡面看見自己的影子。你對它皺眉，它還你一副尖酸的嘴臉。你對著它笑，跟著它樂，它就是個高興和善的伴侶。」這話用於我們對待同事的態度，不只有是形象的，也是很恰當的。只要我們不失摯愛，並且能夠運用一些正確的辦法，相信是可以在人際關係中獲得「如魚得水」效果的。

只有和同事處好關係，合作時才能做到心心相通並達到雙贏的效果。

工作祕笈

在心理上保持防備

建立良好的同事關係自然必要，但這並不意味著你對同事就可以完全放心了。利益上的競爭隨時都會使對方改變對你的態度，心理必須保持防備的底線。

你是否遇到過這樣的事：在你曾經工作過的辦公室裡，有一位與你為敵的同事，最近竟被你現在的辦公室所聘用。這對你來說是一件很悶的事。

經一事，長一智。過去你倆有過不愉快的記憶，但時間可以沖淡一切，如果你已將事情淡忘，對方也可能早就忘得一乾二淨。

不過任何事情都是一體兩面的，往壞處想，儘管害人之心不可有，但你也得做到防人之心不可無。如果此人將來的工作專案跟你沒有多大關係，就比較好，因為你倆沒有直接的利害衝突，多少會減輕火藥味。從他上班的頭一天起，處處表現友善，甚至主動為他介紹公司各方面的行政制度等，將表面距離拉近，在任何情況下，對方也沒有理由拒人於千里之外。

若他加入的工作跟你有較大關聯，請你需要步步為營，處處主動、友善，最好在其他同事面前少提你倆過去不睦的關係，避免風言風語，有關兩個

人的齟齬更不該提。你不妨在人前人後多讚美他（每個人都有他的好處和長處），表示你的大度和伸出友誼之手吧！

有些人是極具侵略性的，永遠要做勝利者，而且要別人信服他。他們喜歡大呼小叫，見高拜、見低踩，小事要化大，令人煩不勝煩。對於這類人，要如何處理呢？

當他因某事大發雷霆，但這事與你沒半點關係，最好別花時間去瞭解，將麻煩留給別人好了。有人找你評公道，你可淡淡地說：「事情的始末我不清楚，妄下斷語不太好吧？」當然，茶餘飯後，有人提及，你同樣只適宜做聽眾，切莫發表意見。

這樣，來者不會怪你，連那位老兄也不會聽到你任何評語，對你自然不會有「新仇」。

要是事件與你有直接關係，最好採取低姿態，就算對方發出許多不悅之聲，就讓他發洩，切忌與他對罵，而且要避免直接與他正面衝突。

要做報告的話，只將事情始末以白紙黑字呈報上級或老闆，所有是與非就由他去裁決。但有風度的你，在事後也應保持緘默，或者索性忘卻整件事，只記取對方的弱點就夠了。

有些人喜歡在午餐時間做些自己喜歡的事，但有些人卻恰恰相反，總希望連吃午餐也跟同事在一起，一方面聯絡感情，另一方面也好多得一些公司的「情報」。

若你是前者，偏偏拍檔卻是後者，他常常問你「午餐去哪裡？」或者你已經拿起皮包往外走，他仍緊跟著你。怎麼辦？

大家既然是拍檔，你當然不好拒絕。所以你要讓他知道你確實有私事，你不會理所當然地與他共進午餐，下次他再跟著你出門，你可以告訴他你已經安排了約會，不宜跟他一起（即使你倆只打算單獨用餐）。你可以溫柔地補充：「不如改天再一起去吃午餐吧！」

這樣他沒有責怪你的道理，當然，為了工作順利，偶爾跟他同行亦無妨，但不必給自己壓力，拒絕得巧妙一點就是了。不過，不同的人，處理方法可以有異，如果對方是初出茅廬的新手，大概只是有點依賴性，照顧一下他的感受就可以了；若是工作多年的老手，心胸可能狹窄些和多疑些，那你要小心，免得他背後有話說。

某位同事似乎對你特別信服，常常會當眾給你戴高帽：「你真棒，什麼事交到你手中去辦，一定是裡裡外外都合作得很好，準能順利完成。」「這

件任務交由別人去做，肯定不會有如此美好成果。」「我早就說過，公司裡，就只有你可以勝任，果然不出所料，事情做得太好了。」等等，諸如此類的話向你飛來。

請別開心得太早，即使你正如他所說的「能幹過人」，但聽在大眾耳裡，很可能會有反感，何況，這個人究竟有什麼居心你是不知道的。

可能是居心不良，即是故意宣揚你的威風史，製造你高不可攀的形象，讓其他人看不順眼；當然，亦有可能只是不識時務，還以為幫了你。

下一次，當對方又向你送高帽時，你不妨公開說說：「你過獎了，這件事由甲或乙去做，同樣可以成功的，我跟他們沒有分別呀。」或者，私下拉著他，找一個藉口說：「多謝你的讚賞，不過，上司似乎不大喜歡，我請你幫幫忙，不要公開讚揚我了。」

有些人生性喜歡弄權，對付這種人，千萬別認真，白白讓自己生氣，叫對方暗自得意。可採取一種以退為進的原則。

這類人多數是以聲勢取勝，凡事「大聲夾惡」，誓要將小事化大。對此，你要鎮定自若，泰然處事，一切就不容易誤中圈套。

例如，某計劃進行時出了問題，此人會風風火火地找到你頭上來，當眾質問各種因素，許多人會在此情況下，顯得不知所措。

請弄清楚，此人是直接管轄你部門的嗎？或者，他是這個計劃的負責人嗎？

答案是否的話，根本不必理會他，可以告訴他：「事情由我們部門去解決吧！」或者：「噢，某主管會親自向老闆交代一切的！」

但對方確是有關聯之人，不能冷漠待之，不妨耍一招太極，這樣回答他：「計劃不是由我一個去進行的，我看應該召開一個會議，請來所有有關人員等，才能圓滿地將事情解決。」

新拍檔跟你合作了不足三個月，你已發現此人十分不順眼。他是個好大喜功的人，工作效率一般，魄力也不突出，總之，一點也不出色。但他最擅長的，則是「搶功勞」，在上司和老闆跟前，把你的努力一筆抹掉，把所有功勞歸到自己頭上。起初，你並不在意，漸漸連同其他同事也看不過眼，謠言開始滿天飛，令你難以再忍受下去。

公開表示不滿，只會大大地壞事，給人以更多挑撥離間的機會，得不償失。

向上司或老闆投訴以表明態度也不是妙法，因為容易變成「是非」，人

家只會以為你「爭寵」、「妒才」，甚至是「惡人先告狀」。無端種下壞印象，這樣反而得到反效果。

你可主動向上司提出，你跟拍檔各自單獨負責某些任務吧，這樣，所有功勞、責任都一清二楚了。不過提出時要有技巧：「公司的業務蒸蒸日上，我們的工作又愈來愈多。我覺得我與拍檔都可以獨立工作，最好能夠讓我們分擔不同工作，或可收事半功倍之效。」

有些人很自以為是，又喜歡控制別人。你的拍檔正是這類的典型。他的職級雖跟你一模一樣，但在許多情況下，他卻會有意無意地要表現得凌駕於你，讓其他人誤以為你是受他指使去工作，或一切任務皆由他策劃。例如，在你完成了某件工作，他會顯得很高興，並且公開地讚賞你：「真棒，比預期完成的還快，而且成績突出，你真了不起！」

有人讚賞，當然值得高興，但此人並非上司，只是拍檔，卻又令你有點彆扭，因為聽在人家耳裡，可能變成是「他對你的工作表現十分滿意」。試想，長此以往，你的聲譽會是如何？

所以，你為免除被其他人誤解，實在有必要矯正這種誤導。

下一次遇上同樣情況，你可以這樣說：「儘早和盡力完成工作，是上司對我們的要求。你也太過獎了，其實我又不是為你服務。」
類似的事件一再發生，拍檔自會明白你的心意，旁人亦不會有誤會了。

工作祕笈 既要競爭也要合作

坐在一起的同事常常開心談天，歡聲笑語，氣氛可說十分融洽。但誰知道，在這種氛圍背後，卻會陰霾密佈。因為是同事，因為是站在同一條起跑線上的同輩，他們之間就存在競爭。存在競爭就容易讓人拋掉正常的心態，於是笑裡藏刀、綿裡藏針、排擠迫害等等招術便紛紛登場，因為「同行是冤家，同事是對手」。

韓非是名傳千古的集法家之大成的思想家。當初他的著作傳到秦國，秦王見到《孤憤》、《五蠹》這些文章，深有感觸地說：「我如果能見到這個人，並與他交往，就是死了也沒什麼遺憾的了。」李斯說：「這是韓國的韓非所寫的文章。」秦王為了得到韓非就立即攻打韓國。其實，韓非在韓國並沒有受到重用，韓國國君是在亡國之際，才想起韓非的用場，派他出使秦國。

韓非入秦之後，眼見強秦之勢，不但忘記了出使秦國的重任，反而上書秦王，直陳己見。秦王閱畢，正合胃口，更添對韓非的敬慕，便欲封官重用。

然而，韓非入秦，卻引起了李斯的恐懼。他與韓非曾同時師從荀子學「帝王之術」，李斯深知自己才華不及韓非，現在二人同事一主，日後定然韓非占盡風頭，而自己則屈居其下。

於是，李斯向秦王進諫道：「韓非是韓國的公子，現在大王要合併諸侯，韓非終究會幫助韓國，而不會幫助秦國，大王既然不用他，但久留在秦國然後再放他回國，這是自留後患，不如找個罪名殺了他。」秦王認為他講得有道理，便下令將韓非囚禁。李斯既怕秦王反悔，又怕韓非上書自辯，便派人送毒藥逼韓非自殺。

一代曠世奇才，只因可能與李斯同事秦王便遭毒害，韓非也只能有「既生非，何生斯」的悲嘆了。因為韓非的到來威脅了李斯在秦國的地位，視名利為生命的李斯焉能等閒視之？哪管你我曾是同學，哪管你我同在異鄉為異客，去死吧。因為「同行是冤家」。

要處理好與同事的關係，就要用你的行為讓同事感覺到，你的存在不會威脅他的地位，使他有安全感，不可妄自尊大，事事處處占盡上風。這樣，同事就會認為你既是忠實可靠的同事，又是朋友，就會毫無顧慮地與你交往、合作。

更不宜與同事爭名奪利，當事業有成時，要與同事謙讓一些。為了一些

蠅頭小利爭來奪去，把屬於同事的東西奪來歸於自己名下，就不會有人願意與你合作、相處的。你以後的發展也會因此而受阻。

《老子》書中有這樣一句話：「大巧若拙，大辯若訥。」意思是聰明的人，平時卻像個傻子，雖然能言善辯，卻好像不會說話一樣，也就是說人要匿壯顯弱，大智若愚。

莊子還提出了「意怠」哲學，「意怠」是一種鳥，毫無出眾之處。別的鳥飛，牠也跟著飛；別的鳥歸巢，牠也跟著歸巢。前進時不爭先，後退時不落後，因此很少受到威脅。這看起來似乎是一種消極的生活方式，但不做「出頭鳥」，被「槍打」的可能性就小了許多，而「出頭鳥」，身上的「彈孔」就可能有很多是同事之手。還是因為「同行是冤家，同事是對手」。

中國還有句古話，叫作「出頭的椽子先爛」。而「爛」的原因之一就是「眾口鑠金，積毀銷骨」，又是因為「同行是冤家，同事是對手」。

同行不幸成為「冤家」，同事成為「對手」，是因為同行、同事之間存在著競爭，往往有這樣的情形，同事之間還不甚瞭解，尤其是剛到一部門的同事之間，他們對部門、工作都感到陌生。這時，同樣的安全需要、同樣的地位、相同的境況使他們可以成為好朋友。但過了若干年後，你會發現情況出現了變化，人與人之間的差別出現了，他們便不再推心置腹、無話不談，就會出現隔閡。而開始在意主管對每個人的評價，以及別人和自己的升遷、前途了。為什麼會這樣呢？究根尋底，只有兩個字在作怪：競爭。

在現代社會中，競爭的存在是不可避免的。每個部門都有晉升、加薪的機會，而在眾多的同資同級人中，晉升誰，加誰的薪水，或者說誰能得到加薪，就全靠個人表現，這便出現了競爭。每個人都有爭強好勝之心，競爭本身又有利於促進每個人的成長，有利於個人抱負的生效。對一個集體而言，競爭則有利於提高效率。

但是，競爭存在，不是不擇手段存在的理由，競爭應該是正當的，同事之間的競爭，更不應該把對手理解為「對頭」。競爭對手強於自己，要有正確的心態，著名數學家華羅庚說過：「下棋找高手，弄斧到班門。」這是我一生的主張。只有在能者面前不怕暴露自己的弱點，才能不斷進步。」因此，同事之間的競爭要以共同提高、互勉共進為目的，以積極的競爭心態投入到競爭當中去。

競爭總是要分勝負的，就看你能否正確地對待勝與負這兩種結果了。有

人在競爭中不擇手段，就是無法正視結果，不能認清這樣一個道理：競爭中每個人都是平等的，有成功者，就有失敗者，勝要勝得光明磊落，輸要輸個坦坦然然。

同事之間的競爭，勝負只說明過去，他勝了，你向他祝賀，你要從中找出自己身上存在的缺陷和不足，以利於你以後的發展。同事之間的競爭，競爭中是對手，工作中是同事，生活中是朋友。競爭後，勝者不必得意忘形，輸者不必垂頭喪氣。

要能做到這一點，就需要把名利看得淡一些。孟子說：「養心莫善寡欲；其為人也寡欲，雖有不存焉者寡矣。其為人也多欲，雖有存焉者寡矣。」意思是說，人修心養性最好的辦法就是減少慾望。慾望很少的人，就是得到的不多也不覺得少；慾望很多的人，就是已經得到了很多仍然覺得少。

「知足者常樂」，誰不想得到晉升，獲得加薪呢？但現實中不可能每個人都能得到，於是就有了競爭。

競爭總有失敗者，何必那麼在意結果而沮喪呢？又何必為了此名此利而不擇手段、費盡心機呢？既然沒能獲得，還可以退而修身長智，下次再爭取。法國啟蒙思想家盧梭有一句名言：「人啊，把你的生活限制於你的能力，你就不會再痛苦了。」說得就非常有道理。

既要競爭也要合作，正確地認識競爭，正確地對待競爭，在競爭中謀求合作，讓「冤家」成為朋友，讓對手不成為你的絆腳石。

工作祕笈

化解彼此之間的矛盾

要想同事與你合作雙贏並非易事，首先你得徹底化解彼此之間的矛盾，大家才能心無隔閡地走到一起。

同事與你在一個部門中工作，幾乎需要天天見面，彼此之間免不了會有各種各樣雞毛蒜皮的事情發生，各人的性格、脾氣好壞、優點和缺點也暴露得比較明顯，尤其每個人行為上的缺點和性格上的弱點暴露得多了，會引發出各種各樣的瓜葛、衝突。這種瓜葛和衝突有些是表面的，有些是背地裡的，有些是公開的，有些是隱蔽的，種種的不愉快交織在一起，便會引發各種矛盾。

同事之間有了矛盾，仍然可以來往。首先，任何同事之間的意見往往都是起源於一些具體的事件，而並不涉及個人的其他方面。事情過去之後，這種衝突和矛盾可能會由於人們思維的慣性而延續一段時間，但時間一長，也會逐漸淡忘。所以，不要因為過去的小意見而耿耿於懷。只要你大大方方，不把過去的事當一回事，對方也會以同樣豁達的態度對待你。

其次，即使對方對你仍有一定的成見，也不妨礙你與他的交往。因為在同事之間的來往中，我們所追求的不是朋友之間的那種友誼和感情，而只有是工作。彼此之間有矛盾沒關係，只求雙方在工作中能合作就行了。由於工作本身涉及到雙方的共同利益，彼此間合作如何，事情成功與否，都與雙方有關。如果對方是一個聰明人，他自然會想到這一點；這樣，他也會努力與你合作。如果對方執迷不悟，你不妨在合作中或共事中向他點明這一點，以利於相互之間的合作。

同事之間有了矛盾並不可怕，只要我們能夠面對現實，積極採取措施去化解矛盾，同事之間仍會和好如初，甚至比以前的關係更好。

要化解同事之間的矛盾，你應該採取主動態度，不妨嘗試著拋開過去的成見，更積極地對待這些人，至少要像對待其他人一樣地對待他們。一開始，他們會心存戒意，而且會認為這是個圈套而不予理會。耐心些，沒有問題的，平息過去的積怨的確是件費工夫的事。你要堅持善待他們，一點點地改進，過了一段時間後，表面上的問題就如同陽光下的水，一蒸發便消失了一樣。

如果是深層次的問題，你可以主動找他們溝通，並確認是否你不經意地做了一些事而得罪了他們。當然這要在你做了大量的內部工作，且真誠希

望與對方和好後才能這樣行動。曾見到有些人坐在一起，表面上為了解決問題，而實際上卻是大家更強硬地陳述自己的觀點。

他們可能會說，你並沒有得罪他們，而且會反問你為什麼這樣問。你可以心平氣和地解釋一下你的想法，比如你很看重和他們建立良好的工作關係，也許雙方存在誤會等等。如果你的確做了令他們生氣的事，而他們又堅持說你們之間沒有任何問題時，責任就完全在他們那一方了。

或許他們會告訴你一些問題，而這些問題或許不是你心目中想的那一個問題，然而，不論他們講什麼，一定要聽他們講完。

同時，為了能表示你聽了而且理解了他們講述的話，你可以用你自己的話來重述一遍那些關鍵內容，例如：「也就是說，我放棄了那個建議，那你感覺我並沒有經過仔細考慮，所以這件事使你生氣。」現在你瞭解了癥結所在，而且能夠以此為重新增立良好關係的切入點，但是，良好關係的建立應該從道歉開始，你是否善於道歉呢？

如果同事的年齡資歷都比你高，你不要在事情正發生的時候與他對質，除非你肯定你的理由十分充分。更好的辦法是在你們雙方都冷靜下來後解決，即使是在這種情況下，直接地挑明問題和解決問題都不太可能奏效。

你可以談一些相關的問題，當然，你可以用你的方式提出問題。如果你確實做了一些錯事並遭到指責，那麼要重新審視那個問題並要真誠地道歉。類似「這是我的錯」這種話是可能創造奇蹟的。

做出以上努力以後，你基本可以化解同事之間的矛盾。如果遇上一些頑固不化的人，在你做出努力後，他仍然不願意和你和解，這你也不要難過，遇上這樣的人，誰也沒辦法。

你可以儘量避開在工作上與其打交道，轉向其他同事尋求合作。

【第六章】低調低調再低調

壓住自己的鋒芒，在同事面前適度弱化自己，讓同事心情舒暢，放低姿態向同事學習，會更有利於你提升自己的實力，也給主管謙虛好學的印象。注意分寸、低調做人才能保持和諧關係，並最終有利於達到個人的追求。

工作祕笈

收斂得意之態

在辦公室裡辛辛苦苦準備了一個月，計劃書終於可以呈報老闆了。

在會議上各部門主管都一致讚許你的真知灼見，老闆更是讚賞有加，喜上眉梢。這時你必然是春風得意，難禁喜悅之色，大有世界都屬於你的感覺，但在你興奮忘形之際，也許正是你自埋炸彈之時。

有些人是自私的，你呼風喚雨，一定惹來這些人的妒忌。表面上，他們或許阿諛奉承，甚至扮作你的知己和傾慕者，私底下卻恨你入骨也說不定。為了避免遭人放暗箭，請收斂你的得意之態，謙虛一點吧。

也許有人會錦上添花地向你說：「看來，老闆就只信任你一個！」「唔，經理這個位置，非你莫屬了！」「嘿，他日成了一人之下萬人之上，千萬別忘記我啊！」「你的聰明才智，公司裡沒人可及！」

切莫被美麗的謊言沖昏頭腦，聰明的人必須是理智的，告訴他們：「不要亂開玩笑啊，公司有太多人才呢。」「我的意見只是一時靈感，沒什麼特別呀！」「我還有更多的東西要學。」

真正的強人，應明白「居安思危」的道理！

老闆對你的計劃書大為讚賞，公開表示你的才幹值得重視。還有，剛好成功地完成了一項工作，使公司賺了錢，各部門主管對你另眼相看，有點飄飄然了吧？

這實在太危險了！

記著，叫別人妒忌你，是十分失敗的事，何況無端樹敵，不是強人典範。但是，如何才能避過這些辦公室的敵意呢？

首先，請切記別樂昏了頭腦，要處處表現得虛心、容易滿足。總之，就是採取低調姿態。即使當你像坐直升機一樣，勢力一天比一天大時，請仍然保持與舊同事的關係，抽些時間與他們一起。談話時更不能自己翻那些成功史，即使別人阿諛一番，也當它耳邊風好了，或者索性說：「那絕非我的功勞，老闆對我也是太好了。」

處處表現虛心，不要頤指氣使。同事一旦對你有了偏見（由妒忌演變而來），他日做起事來，屏障肯定更多，對你當然不是好事了。

為了達到某些目的，不少人勤於製造高帽，往「目標物」頭上送。你的職權日大，成為「目標物」乃是自然事。私下裡，你開心之餘，又覺得很不自然，但不知該如何處理。

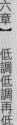

這情況只屬小事，玩兩招就過去了，輕描淡寫的，無論你心裡如何沾沾自喜，也不能喜形於色。

對有心者而言，他們就會有「果真如此」的想法；無心者呢，亦可能產生「原來如此」的意念。總之，讓人看穿了心事，在百害而無一利。所以，凡事應該有保留，婉轉地多謝對方的褒獎：「謝謝你的欣賞和鼓勵，我可受之有愧！」但切勿自滿！

最佳的辦法，是將功勞歸於整個部門：「多謝誇獎，這個計劃得以順利完成並取得成功，正是我們部門同事們通力合作的美好成果，值得慶祝！」

熱忱待人，又富幽默感的你，深得同事們愛戴，對你尊重有加。可是，一旦到了「盲目」或熱情的地步，就會帶來隱憂。

對下屬，問題不會太大，只是有些人隨波逐流，會形成更大的力量，對你反正影響不大，問題是出在同級之間和對上司方面。

先說前者，人人對你熱情有加，相對之下，必然冷落其他人。受到冷淡對待，滋味一定不好受，追根究底，多少會遷怒於你。或許，在私下裡，他們已經不約而同地對你有攻擊之意，這就大大不妙，因為這樣在工作上會造成頗多阻力。

更不利的是，連上司也瞧不順眼，大概是怕你深得人心，將他比了下去，對他造成威脅。這樣，你以為上司還會器重你，對你大公無私嗎？

所以，請收斂你的得意之態，在榮譽面前保持低調。讓上司和同事感覺不到你帶給他們的壓力，他們才會支援你。

工作祕笈　恰如其分地表現自己

只要有優於別人之處，就應該表現出來，這樣才能引起上司和同事對自己的注意和重視。但要注意把握分寸，過分表現自己，往往適得其反，自毀形象。

在同一個辦公室裡，同事與同事只有是工作分工不同，其地位是平等的。如果你表現得高別人一等，自然會引起同事的反感和嫉妒。偶爾為之，已經引起同事的不悅，如果再刻意表現得與眾不同，就會招致同事的排斥了。在你洋洋自得之際，卻不知已經授人以柄，在你職場發展的關鍵時刻，成為你不可逾越的障礙。

在同事面前過分表現自己，主要有下面三種形式：

1. 炫耀自己的優點

一個人，由於所受的教育程度，或者家庭背景不同，自然有比別人優越的地方，但這不應當成為你炫耀的資本。有的人學歷不高，並不是天資愚鈍，而是因為其他原因（比如經濟基礎差）沒能繼續深造，至於家庭地位

低下，與他更沒關係。所以，如果你拿這些炫耀自己的優越，自然會引起同事的嫉妒和反感，從而疏遠你、孤立你。即便你真的出類拔萃，鶴立雞群，這時你已經引起同事的欣賞或者嫉妒了，更不要刻意炫耀自己的優點。這正如法國哲學家羅西法古所說：「如果你要得到仇人，就表現得比你的朋友還優越吧；如果你要得到朋友，就讓你的朋友表現得比你優越。」

2. 投機取巧，顯示自己與眾不同

有的人為了從同事中脫穎而出，喜歡選擇時機在上司面前表現自己，前提是讓同事做陪襯，讓眾多的綠葉顯示出他這朵紅花來。這樣的行為，容易讓在場的同事產生一種蒙羞的感覺，自然會引起同事的極度反感，甚至是憤怒。長此以往，他在部門裡將沒有一個朋友，自然得不到同事的支援與幫助。這樣的職場環境，註定了他不可能有好的發展。

凱文剛進部門時，因為能言善道，同事們對他的印象還不錯。但接著發生的兩件事，一下子讓他成為了辦公室最不受歡迎的人。

一次是大家正埋頭工作，部門經理突然走進來，默默地環顧辦公室。大家抬頭看了一眼，沒有看出經理要打擾他們的意思，又繼續工作。這時凱文站了起來，去牆角拿掃帚，將離經理腳不遠的幾片紙屑打掃乾淨。經理

站了一會兒就走了。大家立即把鄙夷的目光投向了凱文，尤其是離紙屑最近的傑克，簡直要憤怒了。本來那幾片紙屑無傷大雅，凱文一打掃，就顯出辦公室清潔很差，而且就數他最講清潔了。尤其是傑克，就有亂扔紙屑的嫌疑了。

另一次是主管來辦公室主持召開現場會，他一邊喝水一邊講話，那杯水大約喝到一半的時候，凱文突然站起來，穿過幾個同事，端起主管的水杯去續水，將水杯放回主管面前時，主管表示了感謝。這次不但同事對凱文不滿，就連部門經理也感到了不悅。

從此，辦公室的同事背後裡都叫凱文「演員」。這個綽號越傳越廣，不但員工，連高層都知道了凱文這個人，當然，有的人並不認識凱文，但知道有個員工綽號叫「演員」。至於綽號的由來，也隨著大家好奇心的滿足而成為了公開的祕密。

後來凱文被藉故辭掉了。主管在人事會議上評價凱文時說：「我們不是電影公司，不需要演員。」大家都會意地笑了。

3.把暫時不宜公開的事大肆張揚

有的人因為工作出色，受到了上司的私下表揚，上司甚至許諾將給爭取

加薪和晉升的機會，這些都是不宜公開講出去的。即使加薪和晉升已經在業務會報上得到了通過，只要還沒有公佈，本人獲知消息也不能宣揚。如果為了表現自己，把不宜公開的事公佈於眾，不但會引起同事的嫉妒，還會引起上司的不滿。

布萊特是公司老闆創業時的夥伴，業務能力也很優秀，就是因為經常向同事吹噓自己跟老闆不尋常的關係，一直沒能得到晉升。這次公司職員事調整，他找老闆軟硬兼施，老闆最後答應提拔他為部門主管。公司的人事會議還在進行著，他就在辦公室裡宣揚自己將任部門主管，還拿出喜糖分給同事。

老闆去廁所，聽見兩個人竊竊私語。一個說：「布萊特說他任主管已經是確定的事，就等著散會宣布了，是不是吹牛？」另一個說：「喜糖都發了，看來這次假不了。」老闆回到會議室，就將布萊特的名字劃掉了。

人事任免通知下發後，布萊特見沒自己的名字，急忙找老闆詢問。老闆冷冷地看著布萊特說：「你不是早公佈了嗎？還發了喜糖。就不要我公佈了。」布萊特頓時目瞪口呆，臉也很快紅得像關公似的——他知道問題出在哪裡了。

一個人即使真的非常優秀，如果老是在同事面前過分表現自己，不只有容易引起別人的嫉妒和反感，還會給人留下「輕浮、不穩重」的印象。比如，不時找機會炫耀自己的高學歷，一做出點成績就沒完沒了地顯擺，對於受到上司表揚津津樂道。同事在嫉妒之餘，還會傳播你「沒內涵、欠穩重」之類的壞話。

有些人受「韜光養晦」官場文化的熏陶和影響，在辦公室裡給人留下「沒內涵、欠穩重」的印象，是很難獲得晉升的。即使你業績名列前茅，即使你工作經驗無比豐富，老闆也不會把重要的管理職位讓你坐，因為他對你放心不下。

傑米除了愛表現外，還真挑不出別的毛病，尤其是工作能力強，也樂於幫助同事。這次參加部門主任競聘，他也是志在必得。他的競爭對手是文森，年輕老成，是個城府很深、讓人摸不透深淺的人。雖然文森的工作能力明顯遜色，但同事認為他未必會輸給傑米。

在競聘答辯中，傑米盡數自己的優點和成績，而且鋒芒畢露，似乎誰都不如他似的。而文森，恰好採取了相反的原則，簡要總結了自己的成績，主要談如何加強部門管理、如何打造高績效的團隊，言談舉止顯得非常穩

健。最後自然是文森勝出。

傑米不服，找上司理論。上司一針見血地指出：

「我們主要看競聘者如何作為部門主任進行管理，如何建設一支團隊。而你發言的主要內容是歷數自己的優點，就連陳述管理措施，也在談自己的優越性。你過分表現自己，反而讓人覺得不夠穩重、內涵不足。這就是你落選的原因。」

傑米沒想到，自己有意為之的過分表現卻成為了落選的罪魁禍首。

做出了成績，尤其是完成了一項非常棘手的工作，就應該不但讓上司知道，還要讓同事知道。但是，表現自己的時候一定要恰如其分，才不會引起同事的嫉妒和反感。下面兩種方法，你不妨一試：

1.透過感謝同事來表現自己

在執行的過程中，難免向同事請教一些小問題，你應該對同事說：「感謝你對我的指導，我才取得了這麼優異的成績，連上司也稱讚我了。」即使你是獨立完成的工作，你可以這樣對同事說：「那次跟你閒聊，給了我很大啟發，才把這道難題解開了，真的非常感謝。」讓同事聽上去心裡也感到窩心。

2.多說「我們」，少說「我」

在兩人或者多人合作完成一項棘手的工作後，即使你發揮了主要作用，在向別人介紹成績時，也要多說「我們」，少說「我」。比如：「我在工作中負責了某一個部分，發現問題我們一般都商討解決，最後成績的取得，是我們合作的結果。」因為你點明說出自己所負責的工作，同事都懂得且功勞是屬於整個部門的。你這樣說，反而顯得你謙虛。

工作祕笈

別在風頭上蓋過同事

在辦公室裡與同事交往的過程中，即使你比對方優秀，也要壓住自己的風頭。

丹尼因為資歷深，上司讓他主導一個專案企劃。另外兩個同事的工作時間雖然短，但業務能力也很好。但為了表現出自己是專案負責人的身份，丹尼跟夥伴約法三章：

1. 有好的創意要及時向他報告，由他來判斷是否可行。
2. 每天下班前向他報告工作進度。
3. 他提出的意見，第二天必須整頓改進完畢。

對於丹尼的獨斷專行，使得另外兩個同事頗有微詞。雖然上司讓丹尼主導，但是專案需要三個人來做，只有三個人精誠合作，融合大家的智慧，才能把專案做得最好。丹尼的約法三章，明顯凌駕於兩個同事之上，似乎他是最高明的，別人都不如他。兩個人的心裡自然都不痛快，並產生了牴觸情緒。

隨著工作的開展，丹尼與兩個同事的矛盾不斷升級。有一次，一個同事想出了一個絕妙的創意，向丹尼報告後，卻沒有得到一句肯定的話，丹尼板著臉說他再斟酌一下。後來，這個創意被丹尼更改了一個無關緊要的地方，付諸實施了。還有一次，丹尼讓另一個同事修改一處文字，但這處文字並無錯誤，只是兩人的表達方式不同。同事沒改，丹尼責罵同事陽奉陰違，結果兩個人爭吵起來。

兩個同事被丹尼一提醒，果真陽奉陰違，開始出工不出力。完工的期限快到了，專案還沒有完成。丹尼很著急，請求兩個同事加把勁。他沒想到兩人幾乎異口同聲地說：「我們能力有限，你那麼高明，還是你自己加油吧。」

丹尼明白這是藉口，也明白兩個人想看他的笑話。他找到上司，指責這兩個同事不配合他的工作。上司經過調查知道了事情的真相，就不再讓他負責這個專案了。

上司這樣對他說：「你太優秀了，他們感到壓抑，你還是等下次獨自負責一個專案吧。」

丹尼聽不出上司是表揚他，還是批評他，但他隱約覺得這是上司的一個藉口而已，他因此而不被重用了。

丹尼的經歷告訴辦公室裡的人們：在與同事合作的過程中，如果你能營造讓同事覺得自己很高明的氛圍，同事就會與你合作得很順利；如果讓同事覺得他屈從於你，就會感到壓抑，進而產生牴觸情緒，並找藉口抵制合作。這樣，你們的合作就形同虛設，發揮不出應有的作用。也容易讓上司抓住把柄，影響在職場中的發展。

工作祕笈

讓同事心情舒暢

如果你能夠讓辦公室裡的同仁們感到心情舒暢，那麼他們自然在打從心理接受你。如何讓同事在與你溝通的過程中心情舒暢呢？人們普遍有虛榮心態，如果讓對方覺得比你高明，自然反映在心理感受上。

當你做出成績受到同事由衷讚美的時候，你有什麼感覺？你先是覺得很自豪，然後就是覺得自己很高明、很優秀了。所以，反過來，你要學會讚美你的同事，這是讓他覺得自己很高明的最有效的方法。

讚美的方法有以下幾種：

1.直接讚美

可以開門見山，真切讚美的主題。比如：「你很棒！」「你真的是最優秀的！」

2.間接讚美

用比較含蓄的方式表達你的讚美之意。比如：「我們這個專案，如果沒

有你參與，簡直無法想像！」「你的那個創意，讓我想一年也想不出來。」

3. 讚美要有真情實感

讚美同事，真誠是必需的。讓同事覺得虛假，就是嘲諷了。

在合作過程中，你遇到難題或者拿不定主意的時候，虛心徵詢同事的意見，就會讓同事覺得他很高明。首先，你向他請教，說明你認為在這個問題上他比你強。其次，即使他解答不了，幫助他只有與你處於同一水準上，也沒什麼丟臉的，況且，他會給你提一些建議，一下又覺得比你高明許多。

向同事徵詢意見，態度一定要誠懇，切忌用指令的口氣，比如：「說說你的看法！」「解決一下這個問題！」

也不要用調侃的口氣，比如：「你能否解決這個問題？」「見識見識你的高見。」

而應該這樣說：「打擾了，請你看一下這幾條措施可行嗎？」或者：「請你談談對這個方案的意見。」等等。

有時候，為了讓同事覺得自己很高明，甚至比你還高明，你不妨引導著同事說出你的結論，讓他分享成功的喜悅，蓋過你的鋒頭。

比如，當你跟同事討論某項方案的時候，你已經明瞭如何做才是正確的，但你並不急著說出來，而是引導著同事說，比如：「這個問題朝著某個方向考慮是不是更好？」同事根據你的提示，興奮地說出正確的做法，他一定會覺得自己很高明。你也不要怕被同事瞧不起，你只要說「我也是這樣想的」，就足以證明你的能力了。

在辦公室中，同事間的較量日趨激烈。如果能從同事那裡學到經驗，會更有利於你提升實力。

一個人即使再優秀，也有不及他人的地方。所以，無論你在學校裡表現得多麼出類拔萃，無論你拿到了多少的證照，無論你已經取得了多大的成就，都應該虛心向他人學習。

三人行，必有我師。所以，你身邊的同事，必有值得你學習的對象。有的人學歷沒有你高，可是在工作中摸索出了豐富的經驗，這些經驗甚至是付出了昂貴的代價換來的。有的人全面能力不是很突出，可是專長突出，成為某一領域的佼佼者。這些人若肯指點你，教你一招就會讓你受益終生。你虛心向他們學習，取長補短，就會提升你的實力，況且，這是一條捷徑，你無須付出什麼代價。

誠然，從同事身上取到真經，並不是一件容易的事。同事之間永遠消除

不了競爭，所以同事之間一般戒備心都很強，不會把自己的高招輕易傳授給與自己競爭的人。

但是，每個人都有好為人師的心理。如果你適度地向同事示弱，就會使你們之間緊張的關係得到緩和，並可能打動你的同事。一旦同事對你有些指導，幫助他好為人師的心理得到了滿足，你們之間也將建立起良好的合作關係。

凱文是公司行銷部的重量級人物，一是他的資歷久，二是他的業績一直名列前茅，所以平時在公司裡他不把一般人放在眼裡，高傲得很。但是最近他遇上了一件頭疼事——行銷業績連續兩個月排在了新人珊蒂的後面。

珊蒂進行銷部還不到兩年，業績就扶搖直上，現在竟拔得了頭籌。凱文不明白一個看上去很單純的小姐，到底用什麼手腕可以掌握了那麼多的客戶資源，而且他還隱隱感到了珊蒂給他帶來的威脅。老闆曾私下跟他談過，鑑於他多年來為公司做出的貢獻，準備讓他擔任一個籌備中的銷售分公司的經理。現在自己的風頭被新人蓋住了，而老闆是非常欣賞能力突出的新人的。萬一老闆藉口說「連個新人都不如」，那他的晉升就可能泡湯。於是，凱文決定向珊蒂請教學習。

一天午休時間，凱文走到珊蒂面前，擺出一副老前輩的姿態說：「珊蒂，你人小鬼大呀。那麼多客戶，妳是怎麼挖到手的？」

珊蒂笑嘻嘻地說：「都是跟你學的。」

凱文討了個沒趣，掉頭走了。心想，這小姐嘴真厲害，聽起來像是捧我，卻是個推辭的藉口。

見與珊蒂相處不錯的一個女孩經珊蒂指點後，行銷業績也突飛猛進，凱文又眼紅了，但再拿出一副老前輩的姿態，顯然是不行了。現在的年輕人吃軟不吃硬，只有低下高傲的頭，虛心請教了。他提了一盒水果，去珊蒂的住所拜訪。

凱文開門見山地說：「我是來拜師的。」

珊蒂不好意思地急忙請凱文坐。

凱文說：「年齡一大，腦袋就僵化了。請小妹妹賜教。」

珊蒂越發感到不好意思了，於是說：「其實也沒什麼，只不過我看書多、上網多、領悟快罷了。做行銷，發展新客戶是一條路，而活絡老客戶更重要。你讓老客戶感覺到你的誠信和熱情，他可能還會把他的親朋好友介紹給你。我特意準備了一個筆記本，記錄客戶的特殊情況，以便在細節上做文章。

比如出差時順便看望客戶在本地大學讀書的孩子，客戶生日時送個蛋糕等等。我從來不認為這是工作以外的瑣事，相反，我認為這是聯絡客戶的重要手段。」

凱文恍然大悟，在以後的工作中也用了這幾招，果然取得了明顯的成效，業績很快追上了珊蒂。銷售分公司成立後，他如願以償地晉升為經理。

跟同事學習，一定別忽視了兩相情願。有的同事戒備心太強，或者跟你交情不夠，或者還有其他的原因，他可能會拒絕你。這時你就不要糾纏人家。否則，可能會傷了你們之間的感情，產生矛盾。以下幾條是你在學習過程中一定要注意做到的：

1. 一定要先徵得對方的同意，再提出你要請教的問題。
2. 尊重對方的時間和工作態度，不要占用對方太多的時間。
3. 不論對方以什麼態度、方式賜教，都要接受。
4. 別忘了向對方報告學習的成果，並表示感謝。
5. 自覺把自己的經驗與對方分享，共同進步。這正所謂「來而不往非禮也」。

向同事學習時，能否取到真經，關鍵取決於你的態度。你放低姿態，虛心求教，對方一般會滿足你；反之，即使不態度鮮明地拒絕你，也會找個藉口推辭，實在推辭不掉，就敷衍了事地糊弄你一番。

【第七章】正確看待錯誤

主管會出錯，同事會出錯，下屬會出錯，自己也會出錯。如何看待自己和別人身上的錯誤，將對你在辦公室的人際關係產生重要的影響。

工作祕笈 正確面對所犯的錯誤

在辦公室中，當你發現自己做錯了事的時候，你該怎麼辦？

人們大都有一個弱點，喜歡為自己辯護、為自己開脫。而實際上，這種文過飾非的態度常會使一個人在人生的航道上越偏越遠。需要一種堅強的糾錯意識和寬廣的胸懷，一般人做不到這一點，首要的原因可能是虛榮心在作祟。一向認為自己各方面的能力都不錯，很少有失誤發生，久而久之，自然養成了「一貫正確」的意識，一旦真的出現過錯，則在心理上難以接受。出於對面子的維護，人們會找理由開脫，或者乾脆將過錯掩蓋起來。另外的原因是怕影響自己在他人中的威信及信任。其實，如果是作為下級，勇於正視自己的過錯，可能會更加得到主管的賞識與信任；如果是作為上級，則過而不文也會使下屬對自己更加敬重，從而提高自己的威信。

聞過則喜、知過能改是一種積極向上、積極進取的人生態度。只有當你真正認識到它的積極作用的時候，才可能身體力行去聞聽別人的善意勸解，才可能真正改正自己的缺點和錯誤，而不致為了一點面子去忌恨和打擊指出自己過錯的人。聞過易，聞過則喜不易，能夠做到聞過則喜的人，是最

能夠得到他人幫助和指導的人，當然也是最易成功的人。而知過能改則是使一個人在激烈的競爭中從一個勝利走向另一個勝利的關鍵。「過而不改，是謂過矣！」有了過失並不可怕，怕的是不思悔改、一味堅持的人，這種人是很難走向人生輝煌的！

格里・克洛納里斯在北卡羅來納州夏洛特當貨物經紀人。在他給西爾公司做採購員時，他發現自己犯下了一個很大的預估上的錯誤。有一條對零售採購商至關重要的規則是不可以超支你所開帳戶上的存款數額。如果你的帳戶上金錢不足，你就不能購進新的商品，直到你重新把帳戶填滿——而這通常要等到下一次採購季節。

那次正常的採購完畢之後，一位日本商販向格里展示了一款極其漂亮的新式手提包，但這時格里的帳戶已經告急，他知道他應該在早些時候就先備下一筆應急款，好抓住這種叫人始料未及的好機會。此時他知道自己只有兩種選擇：要麼放棄這筆交易，而這筆交易對西爾公司來說肯定會有利可圖；要麼向公司主管承認自己所犯的錯誤，並請求追加撥款。正當格里坐在辦公室裡苦思冥想時，公司主管碰巧順路來訪。格里當即對他說：「我遇到麻煩了，我犯了個大錯。」他接著解釋了所發生的一切。

儘管公司主管不是個喜歡冒險花錢的人，但他深為格里的坦誠所感動，很快設法給格里撥來所需款項，手提包一上市，果然深受顧客們的歡迎，銷售狀況超乎預期的好。而格里也從超支帳戶存款一事汲取了教訓。並且更為重要的是，他意識到這樣一點：當你一旦發現自己陷入了事業上的某種誤區，如何爬出來比如何跌進去最終會顯得更加重要。

當你不小心犯了某種大的錯誤，最好的辦法是坦率地承認和檢討，並盡可能快地對事情進行補救。只要處理得當，你甚至可以立於不敗之地。

工作祕笈

要勇於在主管面前認錯

作為辦公室的一員，在主管面前認錯是需要勇氣的。

「如果你想不犯錯誤，除非你什麼都不做。」但人生在世，總有那麼多事情要做，也就總有那麼多次犯錯誤的可能。不論什麼樣的人都會為自己辯護，而且很多人都是這樣做的。但紙怎能包住火，並且掩蓋了一時，能掩蓋了一世嗎?知錯認錯這才是你的最佳選擇。

明明是你錯了，你還要去掩蓋，這會讓主管覺得你不肯承認錯誤，不能正視現實。而且，為了掩蓋你的錯誤，你還可能會犯另一個錯誤以發揮到掩蓋的目的，你就會越滑越遠。

只有承認錯誤，及時糾正，才會把過去的錯誤丟掉，重新做起，這樣才能一步一步走向成功。

做錯了事情，勇敢地承認往往還會給你帶來心理上的輕鬆，認錯能有效地消除內疚心理和防禦的心情，讓你丟掉思想包袱，這不也是一件好事嗎？

工作中出了差錯，明知無論如何都要受到批評，搶在主管批評之前承認自己的錯誤會更好，因為這樣一來，大多能獲得主管的同情和寬容，而你所犯的錯也會最大限度地縮小。何況，自己認錯不是比忍受批評感覺更好一些嗎？

沃勒是一位美術設計師，他為詹森總統設計一份宣傳品後，突然收到了總統的電話，說設計有點問題。沃勒急忙趕到，看完宣傳品後果然發現了一處錯誤。於是沃勒說：「總統先生，您說得對，我錯了，我沒有任何理由為自己辯護，我應該做得更好，我很抱歉。」

總統卻開始莫名其妙地為他辯護起來：「你是對的，不過，你確實犯了一個錯誤，只是……」沃勒打斷了他的話，說：「任何錯誤，都可能造成很大的損失，而且任何錯誤都會令人不悅。」總統想插話，但沃勒繼續講道：「您給我這個機會，您應該是滿意的，因此，我會把它重做一遍。」

「不！不！」總統立即表示反對。「這只有是一個小細節問題，並且也沒有造成損失，你只需做局部修改就可以了。」

之後，總統又把新的工作交給了沃勒。

這樣看來，承認自己所犯的錯誤會幫你解脫麻煩。沃勒承認錯誤的急切心情讓總統火氣頓消，糾正錯誤的誠懇態度又讓總統不忍心為難他。

多數人都會為自己的錯誤辯護，而你的勇於承認錯誤就會顯得難能可

貴，會特別引起主管的注意和信任。

諸葛亮率軍在祁山與魏軍對壘時，馬謖因為驕傲輕敵，一意孤行，最後街亭失守。諸葛亮揮淚斬馬謖後，自請降職三級。

當時諸將都覺得諸葛亮不必如此自責，勝敗乃兵家常事，人非聖賢，孰能無過，連劉禪也覺諸葛亮不必如此。其實，諸葛亮自己也有諸多開脫的理由，馬謖指揮本已違背了諸葛亮的部署，又不聽大將王平之勸阻，才有此役之敗。但諸葛亮自責用人不當，堅決要求降職三級，使劉禪頗為感動，更添信任。於是，時隔不久，便找了個機會復了諸葛亮的職。

認識到自己的錯誤，承認自己的錯誤，就是承認自己在有些方面有欠缺，就會加以糾正和彌補，從而沿著正軌走向成功。

《晉書》中有這樣一個故事，正可驗證勇於承認錯誤可以為你平添成功力量的道理。

江蘇宜興有一個少年名叫周處，橫行鄉里，兇狠殘暴，人們對他又恨又怕，把他與當地山上吃人的猛虎和河中兇殘的惡蛟並稱「三害」，他知道後，想改變一下形象，就與鄉老商量，要去殺猛虎和惡蛟。商量畢即上山打虎，經過一番殺，將虎打死。又下河降蛟，周處與惡蛟徒手搏鬥三天三夜，終將惡蛟殺死，血水把河面都染紅了，人們以為周處死了，奔走相告，額首稱慶。周處帶著勝利的驕傲回到村裡時，看到的卻是人們為他的死慶賀的場面。他難過至極，終於明白了自己的錯誤，也終於明白了為什麼人們把他列入「三害」。

他對自己過去的行為悔恨不已。於是他去當時的名士陸機、陸云兄弟家中請教，他說：「我現在十分痛悔以前的所作所為，只怕是自己年事已蹉跎，改也來不及了！」陸云對他說：「古訓有言，早晨能認識真理，就是晚上死了，也無所遺憾。認識錯誤、改正錯誤沒有早晚的區別。一個人只怕不立志，哪裡有發奮做人而一事無成的道理？」周處聽了以後便刻苦習武讀書，最終官拜御史中丞。

「改過宜勇，遷善宜速。」認識到了自己的錯誤，就要改正，並且更加努力地付出。如果每次出錯後只有說一句「我錯了」，就再沒有下文，如果說初時還可獲是寬容與同情，那麼幾次以後，在主管那裡，你就成了一個只會犯錯的人。「過則勿憚改。過者，大賢所不免，然不害其本為大賢者，為其能改也。」這是清代學人陳巨集謀送給後人的一句話。

工作秘笈 主動認錯才能爭取主動

犯了錯誤，就必須付出相應的代價。但是你如果能主動地承認自己的錯誤，則會給你帶來意想不到的收穫。

商業藝術家費丁南・華倫曾採用主動承認自己錯誤的技巧，贏得了一位暴躁易怒的藝術品顧客的好印象。

精確、一絲不苟，是繪製商業廣告和出版品的最重要的品質。有些藝術編輯要求他們所交下來的工作立刻執行，在這種情形下，難免會發生一些小錯誤。

華倫先生知道，某一位藝術組長總喜歡從雞蛋裡挑骨頭。華倫離開他的辦公室時，總覺得倒足胃口，不是因為他的批評，而是因為他攻擊華倫的方法。

最近，華倫交了一篇很急的稿件給這位藝術組長。藝術組長打電話給華倫，要華倫立刻到他辦公室去，他說是出了問題。

當華倫到辦公室之後，正如所料——麻煩來了。藝術組長滿懷敵意，似乎很高興有了挑剔華倫的機會，他惡意地責備了華倫一大堆……。

華倫沒有解釋和為自己開脫，卻誠懇地說：「某某組長，如果你的話沒說錯，我的失誤一定不可原諒，我為你畫稿這麼多年，實在該知道怎麼畫才對。我覺得慚愧。」

不料藝術組長卻立該開始為華倫辯護起來：「是的，你的話並沒有錯，不過畢竟這不是一個嚴重的錯誤。只是……。」

華倫打斷了他，說：「任何錯誤代價可能都很大，讓人不舒服。」

藝術組長試圖插嘴，但華倫不讓他插嘴，繼續說道：「我應該更小心一點才對。你給我的工作很多，照理應該使你滿意，因此我打算重新再來。」

「不！不！」藝術組長立即反對起來，「我不想那樣麻煩你。」接著，他讚揚華倫的作品，告訴他只需要稍微修改一點就行了，又說：「一點小錯誤不會花他公司多少錢，畢竟，這只是小節，不值得擔心……。」

華倫急切地批評自己，使藝術組長怒氣全消。結果他邀華倫共進午餐，分手之前他給了華倫一張支票，又交代華倫另一件新工作。

主動認錯是爭取主動的絕妙一招，當對方正在思考如何因錯誤而懲罰你時，主動認錯會大大加強他對你的好感。

工作秘笈

勇於糾正自己的錯誤

俗話說：「知錯能改，善莫大焉。」

在辦公室中，常常可以見到這樣的人，明明是自己錯了，卻偏不承認，更不肯改，要麼罵上司故意刁難自己，要麼怨朋友關鍵時候不上前幫忙，要麼以為同事在嫉妒自己。

一個人犯了錯，用爭辯、掩飾的辦法，更讓人不能同情和諒解。爽快地、坦白地承認自己身上的錯誤，倒容易得到寬恕。只有愚蠢的人才努力試圖為自己的錯誤尋找藉口，強詞奪理。因為這樣做，只能使你處於更加不利的地位。

在與同事相處中，自己做了錯事，要勇於承認，勇於認錯。豁達開朗的人，往往能贏得好感和尊重，同事會因為你的坦誠自責而更願意與你交往。

知錯並且勇於認錯，還要以實際行為改錯，善何其大也。戰國時趙國的藺相如在經過「完璧歸趙」這件事後，因其功高而位居廉頗之上，廉頗於是頗為不服，揚言見藺相如要羞辱之。而藺相如則退避三舍，不與之相爭，舍人不解，藺相如於是解釋說這全是為了趙國的國家利益，將相不和則國家不安。廉頗聞此言才覺得自己大錯，錯在自己置國家安危於不顧，以一己之私爭名奪利。戰場上的廉頗是員勇將，在糾正錯誤上更是不含糊，真可謂「強力糾錯」，立即露袒負荊，去藺相如府第謝罪認錯。從此將相和好，趙國也暫保無事。

倘使當初廉頗知錯不認錯，一味糾纏，則趙國將國無寧日，認錯而改錯，則更讓人覺得廉頗了不起。藺相如若不能全心與之和好，將相失和，無以倚靠，強秦吞趙更顯容易了。

由此看來，犯了錯的人不能一根筋，錯了就是錯了，要勇於承認。有道是，大丈夫錯都敢犯，難道還不敢認錯嗎？承認固然要緊，改正則更顯重要！

去掉感情上的羞澀，搬開面子上的障礙，勇敢地說一聲：「對不起！」並以實際行動強力糾錯，你的同事會以你的光明磊落、坦然赤誠而原諒你，還會尊重你，喜歡與你交往。

「多一個朋友多一條路，多一個敵人多一堵牆。」

戰國時有個叫「中山」的小國。一次，中山國君設宴款待國內名士，可是吃著吃著，羊肉羹不夠了，沒能讓在場的人全都喝到，沒喝到羊肉羹的

人中有一個叫司馬子期的人卻因此懷恨在心。後來，他到楚國，就慫恿楚王攻打中山國，楚國以強國之勢攻打弱小的中山國豈不是小菜一碟。中山國破，國王逃往外地。逃跑中他發現兩個人永遠跟隨著他，還時時保護他。中山國君就問：「你們來幹什麼？」這兩個人回答說：「從前有一個人曾因獲得您賜予的食物而免於餓死，我們兩個是他的兒子。臣的父親臨終前曾告訴我們，無論中山國發生什麼事情我們必須誓死報效國君。」

中山國君因為一份食物而得兩個忠心耿耿的隨從，卻因為一杯羊肉羹結了一個冤家，而遭亡國之災。現實生活中我們常常因一件小事，或不經意與同事結下了「樑子」。但冤家既結，當如何破解呢？

「冤家」者，誤會也。其形成可從主體、客體兩方面找原因，或是因自己的言行不慎而致，或是由於對方過於敏感，誤會了你的意思。

同事中有一個「冤家」，會讓你在工作中很不自在，辦事也會發生預料不到的阻礙。應採取有效的措施破除冤家間的隔閡，創造一個團結、心情舒暢的工作環境。

首先要制怒。被人誤會了，不要大光其火，而要以平靜的心態仔細回憶事情的來龍去脈，弄清楚發生誤會的原因，再決定採取什麼樣的行動予以澄清。這裡特別要提醒的是，被人誤解確實是讓人生氣的事，但要努力平抑怒火。因怒而不能解釋清楚，出了大亂，釀成悲劇也說不定。

在三國時期，關羽大意失荊州，兵敗身死，劉備、張飛便怒不可遏，舉大兵向東吳問罪。誰料想，未曾出師，張飛因造白戰袍之事，重責部屬，范疆、張達兩人因懼生恨，割了張飛的腦袋。劉備更是「悲」從心頭起，怒向膽邊生，不顧諸葛亮等人的苦苦勸阻，親自統率大軍征討東吳，為兩個義弟報仇。但報仇心切，籌劃不當，被東吳大將陸遜燒了個大敗而歸。劉備悲憤愧悔，病臥床榻，最終落得個白帝託孤，身死燈滅。

而同是《三國演義》中，司馬懿則恰恰相反，「危難臨之而不驚，無故加之而不怒」。魏蜀兩軍對陣五丈原，諸葛亮急欲速戰，而司馬懿則分析當時形勢是蜀軍勞師伐遠，糧草必然不足，不宜速戰。於是，即使諸葛亮用激將法，給他送來女人的衣服、首飾嘲弄他，他也置之不理，忍辱不攻，最終諸葛亮的激將法沒有發揮任何作用。

制住怒火，能讓你冷靜地分析問題，查清原因，有效地解決問題，化解怨恨。

其次要戰勝自己的懦弱心理，消除自己的委屈情緒。消除誤會就要把問

題說清楚，無論採取哪種方式，不要懦弱，要勇於當面質問、把問題講清楚，否則事情越搞越不清楚，要親口向對方說明白，事情是如何就是如何，戰勝懦弱，直截了當地把問題講清楚，很多人都喜歡採取和接受這種方式。

消除自己的委屈情緒，可以解除妨礙交流的心理上和思想上的障礙。同時也冷靜地為對方著想，到底事出有因，究竟是自己錯了還是對方的過失。不要總以為自己委屈，可能毛病就出在你的身上。另外，委屈有時還會影響你及時地把話說個明白，有的人被同事誤會，就委屈地哭個不停，把話憋在心裡，這都不利於解決問題。

當誤會用語言不能解釋清楚時，也可以用行動來證明同事是誤會你了。比如說平時你因看不慣上司的某個方面，而毫無顧忌地在同事面前指責上司，就會讓人誤認為你心存忌恨，與上司勢不兩立。當你用言語無法解釋清楚時，不妨用行動來證明自己只是看不慣上司的某個方面，而不是心存忌恨。你不要在背後指責上司，而要主動與上司接近，取得他的信任後，說明你的想法，和上司把關係處好，誤會也就不攻自破了。

再次，消除誤會不可放過好時機，因為越拖你就越被動。抓住好時機，就是說如果不能把問題當面講清楚，就要選擇一個對方心情比較愉快、神經比較放鬆的時機把事情講開，把誤會澄清。但也不要拖得太久，因為有的誤會會攪得你心神不寧，拖的時間越長，誤會越來越深，結怨會越來越多。

自己不能解開的結，可以請上司、同事幫助解開。因為有的誤會是在工作中產生的、造成的。上司、同事們更熟悉情況，更明白從哪裡下手，才能更容易解開你們這對冤家。

「千里難尋是朋友，朋友多了路好走。」人們都願意多交朋友，少樹冤家。但如果不慎結怨，要積極地、冷靜地解開這個「冤結」。畢竟冤家宜解不宜結。

每個人都要面對眾多的同事，仕途發展中離不開同事的關心、幫助、鼓勵，處理好與同事的關係，能此者大道坦然，不能者片葉孤帆。

工作祕笈

自己犯的錯誤自己負責

如果你犯了錯誤，不要指望依靠別人來為自己彌補，自己犯的錯誤自己負責。

愛麗娜剛從大學畢業，在一個離家較遠的公司上班。每天清晨七點，公司的專車會準時等候在一個地方接送她和她的同事們。

一個驟然寒冷的清晨，愛麗娜關閉了鬧鐘尖銳的鈴聲後，又稍微留戀了一會兒暖被窩——像在學校的時候一樣。她盡可能拖延一些時間，用來懷念以往不必為生活奔波的寒假日子。那一個清晨，她比平時遲了五分鐘起床。可是就是這區區五分鐘卻讓她付出了極大的代價。

那天，當愛麗娜匆忙中奔到專車等候的地點時，時間已是七點零五分了，專車開走了。站在空蕩蕩的馬路邊，她茫然若失，一種無助和受挫的感覺第一次向她襲來。

就在她懊悔沮喪的時候，突然看到了公司的那輛藍色轎車停在不遠處的一幢大樓前。她想起了曾有同事指給她看過那是上司的車，她想：真是天無絕人之路。愛麗娜向那車跑去，在稍稍猶豫一下後，她開啟車門，悄悄地坐了進去，並為自己的幸運而得意。

為上司開車的是一位溫和的老司機。他從反光鏡裡看了她一會兒。然後，轉過頭來對她說：「小姐，妳不應該坐這車。」

「可是，我今天的運氣好。」她如釋重負地說。

這時，上司拿著公事包飛快地走來。待他在前面習慣的位置上坐定後，才發現車裡多了一個人，顯然他很意外。

她趕忙解釋說：「班車開走了，我想搭您的車子。」她以為這一切合情合理，因此說話的語氣充滿了輕鬆隨意。

上司愣了一下，但很快明白了，他堅決地說：「不行，你沒有資格坐這台車。」然後用無可辯駁的語氣指令道，「請妳下去。」

愛麗娜一下子愣住了——這不只有是因為從小到大還沒有誰對她這樣嚴厲過，還因為在這之前，她沒有想過坐這車是需要一定身份的。以她平素的個性，她應該是重重地關上車門以顯示她對小車的不屑一顧，爾後拂袖而去的。可是那一刻，她想起了遲到在公司的制度裡將對她意味著什麼，而且她那時非常看重這份工作。於是，一向聰明伶俐但缺乏社會經驗的她變得異常無助。她用近乎乞求的語氣對上司說：「不然，我會遲到的。那

就需要您幫我跟直屬主管說明。」

「遲到是妳自己的事。」上司冷淡的語氣沒有一絲一毫的迴旋餘地。

她把求助的目光投向司機，可是老司機看著前方一言不發。委屈的淚水終於在她的眼眶裡打轉。然後，在絕望之餘，她為他們的不近人情而固執地陷入了沉默的對抗。

他們在車上僵持了一會兒。最後，讓她沒有想到的是，他的上司開啟車門走了出去。

坐在車後座的她，目瞪口呆地看著上司拿著公事包向前走去，他在凜冽的寒風中攔下了一輛計程車，飛馳而去。淚水終於順著她的臉腮流淌下來。

他給了她一帆風順的人生以當頭棒喝的警醒。

在工作場合，一定要把握好自己的角色，自己犯下的錯誤應想辦法自己去彌補，不要把希望寄託在別人身上，別人沒有理由和責任為你分擔。

上班危險小心輕放

完美對付工作危機的生存技巧

【第八章】語言是辦公室裡不可缺少的生存技巧

語言是一門藝術，同樣一個意思，不同的人用不同的話表達出來所發揮的效果有很大差距。會說會聽的人，永遠是辦公室中的主角。

工作祕笈

使自己擁有好口才

好的口才可以使人輕鬆地達到自己的目的。在春秋時期，鄭國的大夫燭之武，運用自己的口才勸退了攻打自己國家的秦國軍隊；三國時期的諸葛亮，其舌戰群儒的故事更是千古流傳。對於今日在辦公室中工作的眾人來說，口才對你為人處世的影響很大。

若想練就超群的口才，成為能言善道的人，沒有捷徑可走，你應把成為能言善道者這件事當作自己的目標，把此目標放在心中，而且為了達成這個目標，還應把全副精神集中於讀書、練習和寫作上。

首先，你不妨這麼告訴自己：我想成為在社會上占有一席之地的人，因此，我必須有好口才。為此，你就必須要借日常會話來訓練口才，並用心學習正確且有風度、毫不做作的說話方式。此外，多讀一些雄辯家所寫的書，不論是古典或現代的，並且告訴自己：我就是為了訓練口才才讀這些書的。

為了使你練就超群的談吐本領，必須從多方面對自己進行培養。

1.從書中獲取值得借鑑的知識

為了這種目的而讀書時，最好多注意文體及文字的使用方法。同時邊看邊想，琢磨該怎麼做才會表現得更好，如果自己也寫同樣的題材，有什麼地方會不如它？

即使寫的是同樣的事情，由於作者不同，其表現方式將有多少的差異；或者，由於表現方式不同，即使是同一件事，所給予讀者的印象又將有哪些差異。諸如此類的問題，最好在閱讀時就注意到。無論多麼精彩的內容，要是言辭的使用方法很奇怪，或文章本身缺乏風格，抑或文體和主題並不相稱，將使讀者覺得掃興，希望你能仔細觀察。

2.培養自己獨特的風格

無論多麼輕鬆的對話，或寫給多麼親密的人的信，都應該擁有自己的風格，這點很重要。

儘管說話前的準備工作十分重要，但是，如果在無法預做準備的情況下，至少應在說完話之後，再想想看是否有更好的表達方式。做到這一點，也能使你的口才有所進步！

3.正確地使用語言，清晰地發音

你應該注意過深深吸引我們的演員，是如何說話的吧？只要仔細觀察便不難發現，所謂的好演員，都很重視清晰的發音與正確的措辭。語言的目的，在於傳達概念。儘管如此，採用無法傳達概念的說法、引不起別人的興趣的說話方式，是最愚蠢不過的事。

你可以請朋友或家人幫忙，每天大聲地朗誦書本，並請他注意聽。只要換氣的方式、強調的方法、朗讀速度等一有不適當之處，就請別人叫停，並且立即改正。朗誦時嘴巴要張大，一個字一個字清楚地發音，要是速度太快，或有不認識的字，就馬上停止。即使單獨練習時，也要用自己的耳朵仔細聽，剛開始時要慢慢地念，用心地把你那說話速度太快的壞習慣改過來。因為，你的發音聽起來好像喉嚨被卡住，說得太快時，別人很難聽懂。要是遇到較難發的音時——對你而言，就算練習一百遍，也要念到能夠完美地發音時為止。

4.堅持把每天的想法整理成文章

選幾個社會性的問題，在腦中想好關於這些問題可能出現的贊成意見與

反對意見，並假設爭論的情況，然後儘量把它寫成流利的文字，這也是很好的提升自己語言表達水準的方法。例如，你不妨考慮一下有關設定常備軍的問題。反對意見之一，必然是以為強大的軍備力量，將使周圍的國家產生遭受威脅的恐懼吧！至於贊成意見之一，則是武力必須以武力來對抗。像這種贊成、反對兩種論調，應在能想像得到的範圍內，儘量去想。比方說，在本質上來說，擁有常備軍並非好事，但是根據情況之不同，常備軍可能成為防止他國之惡的必要武力等，這是要深切考慮的事。這樣一來，才能整理出自己的思緒，重試著把它寫成優雅的文章。這不但可作為辯論的練習，而且和養成經常出口成章的習慣亦有關聯。

5.想想聽眾究竟想要什麼

戴爾・卡內基指出：「若想控制別人，最重要的是不要高估對方，而利用演說來取悅聽眾時，也不可對聽眾評價過高。我剛擔任上議院議員時，一直覺得議會裡儘是值得尊敬的人，從而有種壓迫感。然而，那種感覺，在我瞭解議會的實情後，就馬上消失了。」

「我知道，在五百位議員之中，具有判斷力的，最多只有三十人，其他的幾乎都和普通人沒什麼兩樣。因此，真心想聽字字有力、內容豐富演說的議員，只有那三十位而已，其他的議員們，根本不問內容，只要聽到順耳的演說，就滿足了。自從瞭解到這點以後，演說時的緊張感就逐漸消失了，最後，我已經能夠完全無視於聽眾的存在，只把注意力集中於說話的內容與技巧上了。這並非是我在自誇，我開始發現自己具備了話鋒可隨著內容而改變的能力。」

說起來，雄辯家不就像稱職的擦鞋匠一樣嗎？無論何者，只要掌握住如何取悅對方——聽眾、顧客的訣竅，剩下的就只是一些機械性的工作了。在辦公室裡同樣如此，假如你想滿足聽眾，就必須利用能取悅他們的方法，使他們感到滿意。

交談應該是輕鬆的

在辦公室與同事們交談，是一項十分有意義的交際活動。透過交談，可以交流思想，溝通感情，加深友誼，增強團結，促進工作，激勵鬥志，增長知識，開闊眼界，陶冶情操，愉悅心靈。生動活潑、輕鬆愉快、情趣橫溢、健康有益的交談，不只有可以達到上述目的，而且還給人以莫大的精神享受；而枯燥乏味、單調無聊、死氣沉沉的談話，只能是浪費時間，令人厭煩。

工作以外的話題應該是輕鬆的。同事們在一起聊聊天，無非是放鬆一下神經，休息一會兒大腦，使自己在工作中保持充沛的精力。所以，聊天應該在輕鬆、平和的氛圍裡進行。參與人員要抱著不求事事明白、不究話題對錯、不爭輸贏的態度，謙讓對方，欣賞對方。如果為了一個話題爭論不休，或者追根究底，就會使氣氛緊張起來，甚至搞得不歡而散。這與參與聊天的意願相違背，也失去了聊天的本來意義。

下班後，在部門組織或者員工自發組織的聚會上，同事之間難免會在活動的間隙聊聊天。這時主要為了促進彼此的瞭解和訊息的交流，自然更需要一種輕鬆、平和的氛圍。如果把聊天演變成一場唇槍舌劍，甚至充滿了火藥味，不但使聊天不愉快收場，而且還會影響到整個聚會的氣氛，使一場原本美好的聚會變得索然無味。

如何在辦公室保持輕鬆愉快的交談氛圍呢？你必須注意以下幾點：

1.端正態度，充分尊重對方

與人交談，首先要尊重、體諒別人，對人要謙虛謹慎，誠懇率直，不要妄自尊大，盛氣凌人；不要自以為是，武斷專橫；不要虛情假意，恭維奉承。只有這樣，大家才能和諧融洽地相處，推心置腹地交談。態度不端正，就會引起別人的反感，思想上一旦形成鴻溝，交談就很難進行。

2.全神貫注地聽

不要打斷別人的發言，要讓人家盡情地講，你要恭恭敬敬地聽。即使你不同意人家的看法，也不可匆忙打斷他，要等他講完再闡明你的意見。要善於聽講，要分析話中之音，做到既明白對方談話何時達到高潮，又知道對方言談何時接近尾聲。這樣，你的發言才能適時、穩妥，而無須打亂別人談話，影響他人的思路。

3.適當地發言

交談，是一種有來有往、相互交流思想感情的雙邊或多邊活動。參與談話的人，不但要「聽」，而且還要「講」。聽人說話，要做到聚精會神，心領神會，切不可漫不經心。與此同時，還要做出積極反應，有什麼想法和感受，透過點頭、微笑、手勢、體態等不同方式隨時表露出來，不要消極應對，無動於衷。

全神貫注地聽，只有是交談中的一個方面。談，在某種意義上而言，顯得更為重要。談的方式多種多樣，你可採用任何一種：直截了當地陳述事實，提出問題，發表看法；委婉地表示不同意見，進行評論。這些方式都能使談話順利進行。

在交談中，儘量少用或不用「是」、「不」、「可能」一類字眼作答，一兩個字不能給人以啟示和激勵。要設法使別人從你的活中得到鼓勵和啟發，使他感到有東西可繼續講下去。但另一方面，也要防止使談話變成長篇大論的演講。對某一話題，你可能有很多東西要講，但他人也可能有高見要談，要做到使大家都有發言機會。說話要乾淨利落，簡明扼要，發言冗長，很容易使人煩躁。

4. 跟上交談的節拍

當話題幾分鐘以前已由乒乓球賽前往籃球賽，如果你再談乒乓球賽，顯然是跟不上談話節拍；當大家正興緻勃勃地談論籃球賽，假若你把排球賽也塞進來，顯然是不識「時機點」；當大家正評論球類比賽，你卻談起飛機、大砲一類風馬牛不相及的東西，顯然是離題十萬八千里，那只會使人啼笑皆非。

密切注視談話進行的情況，要把注意力永遠集中在正談論的東西上。只要頭腦清醒、目光敏銳，只要跟上談話的「節拍」，就不會出現那種對方需要你作答，而你卻未聽見的尷尬局面。

5.把握住中心話題

交談中，不要偏離話題。當大家正議論新的手機資訊時，切記不要因聽到有人談起這類話題時，就不管他人就自顧的聊起自己新買的手機有什麼特殊功能。如果這樣做，那就是不知不覺地偏離了談話的主題。

6.及時改變話題

話題的轉變，在交談中占有十分重要的位置。當大家對某事似乎已詳盡談論，感到興緻索然時，就要立即轉換話題。轉變的方式很多，讓舊話題

自然消失就是其一。另一種方式，就是重提剛議論的事情，然後迅速更換話題。比方說，當大家感到對自學成才的著名作家、詩人再也沒什麼新東西可談時，你可以這樣轉變話題：「是啊，古往今來，靠勤奮自學而蜚聲文壇的作家、詩人，真是舉不勝舉。大家也知道，自學成才的科學家、發明家更是遍及四海。」這樣，大家就會重新興緻盎然地交談起來。第三種方式，可直接突然地改變話題，而無須再說別的。「關於體育鍛煉，是否就談到這裡？現在讓我們談談外語學習吧。」或者乾脆說：「現在改變話題。」

改變話題，要注意「時機點」，既不能太遲，又不宜過早。當話題仍然引人入勝，切不要因你感到索然無味，就談別的東西，並強迫他人跟著你轉。

7.積極彌補失言

與人談話，失言總是難免的，特別是在心情過於激動時，更容易發生。由於一時忘記了別人的禁忌，忽略了他人的生理缺陷，忘掉了某人的不幸，有傷人家感情的話語，有損人家尊嚴的言辭，有失人家體面的言論，都可能出現。一旦失言，就要視具體情況，採取應急措施，進行彌補。假若過失嚴重，但你和對方很熟，恐怕你最好說：「很對不起，凱西。」說完立即談及其他東西。如果接近失言的危險邊緣，要竭盡全力迅速擺脫，這時特別需要冷靜穩重，莫要驚慌失措，更不要大喊大叫向人家賠禮道歉。

他人失言，你要盡力幫助補救。對於他想出來的轉移話題，不但要感興趣，而且還要帶頭談論。如果他惶恐不安，不知所措，你還要迅速、主動地找個適當話題談起來，以幫助他解脫困境。

8. 適時結束談話

一席圓滿成功的談話，總是進行到恰到好處時結束。太早，令人掃興，太晚，使人厭倦。

工作祕笈

同事間聊天的禁忌

每個人都有表現自己的慾望。所以，在辦公室與同事們聊天時，你要抑制住自己的表現衝動，在聊天中保持應有的分寸，以防成為聊天的破壞者。

1.別搶著說話

有的人為了表現自己，喜歡搶著說話，一是隨便打斷對方的話題，也不管對方講完沒有，上來就插上自己的話題；二是兩個人正講著，他卻突然插進來發表自己的意見或說起另一件事。這兩種行為，都是不禮貌的，而且很容易引起對方的反感。

2.別窮追不捨

有的人為了顯示自己的知識淵博，聊天時故意說一些別人不知道或者不甚瞭解的事情，其實他自己也未必精通。這時你只管傾聽，不要提疑問，更不要刨根問底。不然，就會讓對方下不了台，甚至遭到對方記恨。如果你經常這麼做，「鍥而不捨」地讓同事出醜，就會成為不受歡迎的人。產生的後果可能會是：

◎同事疏遠你。誰也不希望被你「扎」傷，不但那些喜歡炫耀自己學識的同事怕你，連少言寡語的同事也怕被你抓到把柄，所以都主動躲避你。同事們正聊著天，見你來了，不由得都閉上了嘴巴，或者散開。甚至工作中也不由自主地躲避你，當你請求同事幫忙時，本來是舉手之勞，同事也可能找藉口推辭。

◎同事排擠你。如果你在聊天中以「扎」同事取樂，誰還願意與你共事呢？這時你就成為了眾矢之的，他們就會聯合起來排擠你。一旦讓他們抓到了機會，你就只好灰溜溜地走人了。

史帝夫在公司裡有個綽號，叫「釘子」。因為他喜歡在聊天時抓住同事的漏洞窮追不捨，逼得同事最後啞口無言；或者當眾糾正同事的錯誤，讓同事下不了台。「釘子」既會扎人，又有鍥而不捨的意思，他受之無愧。

公司進行策略調整後，決定在邊遠地區開設分公司。每個部門至少抽調一名員工到分公司去。雖然說去分公司更能獲得重用的機會，薪資補貼也高，但是因為地理位置偏遠，氣候惡劣，生活條件差，誰也不想去，尤其是結婚成家的員工，在大城市裡生活慣了，更不願意去，於是人心惶惶。

公司先是號召員工自己報名，見響應者甚少，只好指派。

正當史帝夫所在部門的主管醞釀名單時，一個下屬悄悄溜進他的辦公室，遞上一封聯名推薦信。被推薦去分公司的人選是史帝夫，推薦人是部門的多數員工，推薦的理由是史帝夫具有鍥而不捨的釘子精神，有闖勁，最適合去分公司工作。既然是眾望所歸，主管就把史帝夫呈報上去了。

名單一公佈，史帝夫自然不樂意，徑直找老闆詢問緣由。老闆說：「大家都反映你具有鍥而不捨的釘子精神，工作有闖勁。分公司需要的就是你這樣的人才，所以公司決定派你去。」

史帝夫半天才愣過神來，他沒想到「釘子」會成為調動他的藉口！

3.別逞強好勝

在聊天時爭論起來，一般是因為雙方各執己見，誰也不肯讓誰。這主要是逞強好勝的心理在作祟。如果你抱著一顆平常心，把聊天看作休閒的一種方式，不論輸贏，無關乎成敗，就不會跟對方進行無所謂的爭論了。

下面兩種方法，你不妨一試：

◎求同存異。當意見發生分歧時，最好的解決辦法就是求同存異，終止辯論。

◎改變話題。看到對方有可能跟你發生爭論時，主動改變話題，就會讓爭論胎死腹中。

工作秘笈

培養多聽少說的習慣

在辦公室與其他成員和睦相處，特別要注重人與人之間的溝通。深曉辦公室兵法的老手都懂得：「溝通之道，貴在少說話。」

多聽少說，做一位好聽眾，處處表現出聆聽、願意接納對方的意見和想法的模樣。這時候，你會慢慢發現對方也比較願意接納你，並且提供你所需要的答案和訊息，甚至把他的真正想法告訴你，讓你事事順心如意。

一位成功的領導者必須經常花相當多的時間，和他的工作夥伴及上司做面對面的溝通。他最常運用到的兩項能力是：一是洗耳恭聽，另一項能力則是能說善道。

所謂「洗耳恭聽」，指的就是「傾聽」的能力，這是邁向溝通成功的第一步。至於「能說善道」，則是「說服」的能力。當別人來跟你做當面的溝通，或者你主動與別人進行面對面的晤談，爭取夥伴支援你的計劃並爭取他們的通力合作時，你是否善於運用「傾聽」與「說話」的藝術，來達成你的目的呢？在談到這些原則、技巧之前，你不妨反覆思考受人敬重的政治家邱吉爾的一句金玉良言：

「站起來發言需要勇氣，而坐下來傾聽，需要的也是勇氣。」

改善傾聽的技術，是溝通成功的出發點。

聽是一種行為、一種生理反應。傾聽則是一種藝術、一種心智和一種情緒的技巧，可認為我們瞭解他人，甚至不需出聲即可達到溝通目的。聽可以說是除了呼吸之外，我們最常做的事。然而，真正懂得傾聽的人不及二十五％。而且，對我們真正關心的事，我們不是忘了，就是扭曲、誤解了。

要有效傾聽，你必須要專心聽並篩選重點，解釋其意涵，決定你對它的看法為何，然後適當回應。

1. 不要以自我為中心

你自己是妨礙自己成為有效傾聽者的最大障礙。因為你會不自覺地被自己的想法纏住，而漏失別人透露的語言和非語言訊息。在良好的溝通要素中，話語占七％，音調占三十八％，而五十五％則完全是非言語的訊號。

2. 選擇性注意

有效的傾聽，不是被動、照單全收；它應該是積極主動地傾聽。如此你

會更瞭解對話內容，更懂得欣賞對方，回答也更能切中要點。

3.負責任

負責任的態度能增加你與他人對話成功的機會。參加任何會議前，都要妥善準備，準時出席，不要隨意退席或離席，而且要集中注意力。你是否有過和別人說話，而對方卻心不在焉的經驗？不要坐立不安、抖動或看表。如果你能決定會議的場地，選一個不會被干擾、噪音少的地方。如果在你的辦公室，走出有權威障礙、妨礙溝通的辦公桌，站或坐在你談話對象的身旁。如此，會讓對方覺得你真的有誠意聽他們說話。

4.不要先預設立場

如果你一開始就認定對方很無趣，你就會不斷從對話中設法驗證你的觀點，結果你所聽到的，都會是無趣的。

抱定高度期望會讓對方努力表現出他良好的一面，你只要認真地關注與適當地發問，就可以幫助對方提升他的說話技巧。

多聽少說，其目的是從對方的表述中聽出言外之意，從而及時改變自己的原則。

一位業績績效很好的房地產經紀人認為，他成功的原因在於不但能細心聆聽顧客講的話，而且能聽出沒講出來的話。他講出一幢房屋的價格時，客戶卻說：「哪怕瓊樓玉宇也沒有什麼了不起。」可是說的聲音有點猶豫，笑容也有點勉強，那經紀人便知道顧客心目中想買的房子和他所能買得起的顯然有些差距。

「在你決定之前，」經紀練達地說：「不妨多看幾間房子。」結果皆大歡喜。那客戶買到了他能買得起的房子，生意成交。

即使聽自己最喜愛的人說話，也容易只聽到表面的含意，而忽略了話中有話。「你錢用光了？這是什麼意思？全家的人只曉得拼命花錢！」這番氣沖沖的抨擊話可能與家庭的開支無關。真正的含意是什麼？「我今天的工作已經把我折騰夠了，我正想發脾氣。」

要是你善解人意，便聽得出這番氣話隱藏著委屈和挫折。在較為心平氣和時，只消稍微說一兩句表示關心的話（「你看來很疲倦。」「今天很辛苦吧？」）就可幫助一個滿腹牢騷的人，以不傷感情的方式消氣。

工作祕笈

耐心傾聽下屬的意見

如果能說善談是一種本領，那麼善聽更是一種藝術——傾聽的藝術。在辦公室中，一些最成功的管理人員通常也是最佳的傾聽者。美國一家大公司有一位業務經理，他對該行業的特點一竅不通，當推銷員需要他的忠告時，他卻不能告訴他們——因為他什麼都不懂！但儘管如此，這個人卻瞭解如何去傾聽，所以不論別人問他什麼，他總是回答：

「你認為該怎麼做？」

於是推銷員會提出方法，他點頭同意，最後推銷員總是滿意地離去，心裡還想著這位經理真是了不起。

這便是用人的藝術。很多根本不需要你親自解決的問題，只要你善於傾聽——讓對方感覺到你正在重視他，那麼他會義不容辭地替你解決。只要聽得夠久，對方是會找出適當解答的，他只須給予贊成與點頭，事後，他總會認為是在你的幫助下他才解除困難的。

傾聽是辦公室兵法中最易被忽視的環節，它有不同的層次之分。

最低是「聽而不聞」：如同耳邊風，對別人所說的話根本沒聽到或完全沒聽進去。

其次是「敷衍了事」：僅用嗯、喔、好、哎等感覺是略有反應其實是心不在焉。

第三是「選擇的聽」：只聽合乎自己意思或口味的，與自己意思相左的一概自動消音過濾掉。

第四是「專注的聽」：某些溝通技巧的訓練會強調「主動式」、「回應式」的聆聽，以複述對方的話表示確實聽到，即使每句話或許都進入大腦，但是否都能聽出說者的本意、真意，仍是值得懷疑。

第五是「同理心的傾聽」：一般人聆聽的目的是為了做出最貼切的反應，根本不是想瞭解對方。所以同理心的傾聽的出發點是為了「瞭解」而非為了「反應」，也就是透過交流去瞭解別人的觀念、感受。

同理心的傾聽要做到下列「五到」，不只有要「耳到」，更要「口到」（聲調）、「手到」（用肢體表達）、「眼到」（觀察肢體）、「心到」（用心靈體會）。當我們能用同理心去傾聽別人說話時，自然可以提供給對方心理上的極大滿足與溫馨，這時你才能集中心力去解決問題或發揮影響力、管理力。

很多辦公室管理人員在與下屬溝通上沒有行銷的概念，更不懂得運用現代行銷的手法，在主管的行為上不重視行銷包裝——影響力，我們不可能「指令」消費者買我們的商品，相對地我們也不可能「指令」員工聽我的，因為員工終究會用「腳」來投票，棄我而去。

若能改變想法，自然就可改變態度與行為，應有的態度是「請協助我從你的觀點來看這世界」，應有的行為是「傾聽以瞭解他人，傾訴而被人瞭解」，從雙方的共同點開始溝通，再慢慢地進入分歧的根源。此時管理者已不再說「絕對就是這樣」，而會說「這是我的想法」、「依我之見」、「就我來看」，這種讓別人也有參與感的話語，等於是告訴其他人「你們也很重要，你們的觀點與感覺值得尊重」。

一名優秀的辦公室管理人員理應多聽少說，耐心地傾聽下屬的意見。也許這就是上天為何賜予我們兩隻耳朵、一張嘴巴的緣故吧！

1. 給予對方全然的注意

傾聽是一種技巧，這種技巧的第一信條就是給予對方全然的注意，當有人來到老闆辦公室時，若他與上司交談，聰明的上司不會讓任何人、任何其他事務打斷他談話時的凝神。即使上司是在一個擁擠的房間內和人說話，他也會儘量排除其他事務的干擾，讓對方覺得自己是唯一的在場者。

一位經理講述他談話的體會：

「我會直視對方，此時如果有隻猩猩進來，我或許都不會注意到。我記得有一次我是如何地被激怒，那時我正和我們的一位業務經理共進午餐，每次漂亮的女侍走過，他的眼睛總是緊盯著她，我覺得被侮辱，且不由自主地想到：『那女侍的腿顯然比我對他說的話重要，他根本沒聽到我說的話，他根本不關心我！』所以你必須注意到對方，這樣才能聽到對方告訴你的話，假如不全神貫注，我們就會心不在焉。」

人們也會因個人的小偏見而分心。例如，有人可能習慣用髒話或是一些你不喜歡的舉動，或許你容易被某種腔調激怒。於是他們就為這些小偏見而分心，而忽略了別人談話的價值。

也許每個人都看過愛開玩笑的人聚集在一起，互相交換笑話的情形。一個人剛說完，另一位馬上繼續下去，他們誰也不聽誰的，因為他們各自忙著準備下一個笑話。所以，有時我們無法傾聽，是因為我們迫不及待地想要說話。

通常人們對談話中的停頓很不安，他們會有被迫開口說話的感覺，或許

他們繼續保持沉默，對方就會加以解釋或提供一些額外的消息。有時雙方靜默片刻是很好的——可以有時間思考，在交談中沉默片刻也許是受歡迎的解脫。事實上，沒有問歇的交談可能是一種相當嚴重的錯誤。

2.要善於和員工平等討論問題

許多管理人員在和員工建立老闆和員工關係時犯了大錯——把關係變成老師和學生一般。雖然老師一般都是站得高高的，並且包辦大部分的說話，但一位好老師也知道如何去傾聽學生說話，優秀的管理人員也應該如此。管理人員對部屬扮演權威的角色，會使得雙方產生敵對的關係，使得有效的溝通中斷，最後變成誰也不聽誰的。

至於一位管理人員應和部屬討論多少個人的問題，只有身處其中的人才能夠決定。天天一起工作的人，自然會發展出一些個人的關係。當然你必須謹慎，要關心部屬，但不要有如審問一般。

如果你能問對方一些問題，而且觀察很敏銳的話，可以表現出你對他的回答真正有興趣。大夫問你一大堆問題，表示他關心你的健康。一位繁忙的醫生，沒問多少問題就下診斷，給你的印象是他一點都不關心你，只是對賺你的錢有興趣而已。

3.重視傾聽每一位員工的意見

當公司規模較小時，管理者和公司內所有的員工都能保持密切的工作關係，因為經常傾聽別人的意見並不是一件很困難的事。但是，如果公司擁有幾萬、幾十萬名員工的話，若以同樣方式去傾聽員工的意見，實際上是不可能的，時間和精力都不容許。但儘管如此，每個人還是和從前一樣重要，必須有人去傾聽他們的想法。可行的解決方法就是使管理人員銘記在心，透過不斷的訓練，記住傾聽是件重要的事。

美國一家大公司實行一種頗有特色的方法：召開推銷會議時，設立一個「你說我聽」討論小組。這個小組由一群公司主管們組成，內含行政部門、營業部門、製造部門、行銷部門和研究發展部門的副總裁，在研討會期間，他們仔細聆聽每一個指導員提出的問題。

4.採用員工的意見改進工作

藉由傾聽下屬的意見，我們能夠開發出顧客真正需要的產品。因此，只要管理階層真心想做，市場是一定可以開闢出來的。

有一位業務經理，每星期至少召集一次手下的三十五位業務代表。所以

儘管他未親自接到顧客的電話，但經常和他的業務人員溝通，使他能夠趕得上他那一行的步調。

另一位手下有四十位業務代表的經理，則是每周不限定對象地打二十五次電話給他的部屬。「情況如何？」他以很友善的方式詢問他們，「我能為你做什麼嗎？如果你有任何問題，儘管提出來。」他表達得很清楚，儘管再忙，他總是會抽空聽取他們的意見。如果他實在沒空，在就寢之前，也會抽空去打個電話給他的業務人員。

許多上司雖然有機會聽取業務人員的意見，但是往往沒有好好加以利用。一家十分成功的貿易公司的代理商說，他的公司完全忽視地方代表所提供的意見。

「我不會再費心提任何建議了，因為他們根本不重視我或其他代理商的意見。每次我提出一個有關交易的想法時，我們公司的行銷人員就會說：『你只須注意銷售，公司的交易辦法就讓我們來操心吧。我們有各種專家來設定原則——所以你不用浪費時間來思考這個問題。你專心做自己的事，也讓我們專心做我們的工作。』」這家公司的短視不只有使它喪失了聆聽建議的機會，同時也損害了業務部門的士氣。因此，不能傾聽部屬人員的意見是管理人員重大的疏忽。幸運的是，一旦你瞭解了傾聽的重要性，要實戰是一點也不難的，你的部屬會自動讓你知道周圍的事情——如果他們知道你會聽的話。

工作祕笈

「說」好各種即席發言

即席發言對於每個人來說既是一種機會，又是一種挑戰。它是對每位辦公室成員的考驗。如果你是一位巧辭令、善言談的「老手」，是不成問題的，但如果你是一位缺乏辭令、害怕在眾人面前講話的「新手」，那也不必緊張、迴避，勇於拿出你的全部熱情和膽量來，針對不同場合、對象說出能完全表達你的思想、意見或真情實感的精彩語言來。

即席發言通常分以下四種情況：

1. 被人發問時的即席發言

被人發問時的即席發言，通常是在會議上、法庭上或學術性的討論、答辯會上，它大多是被動式的發言。這種發言受發問內容或發問主題的限定。因此，就發言範圍而言是容易把握的。這種答覆式的發言，應問一答一，問二答二，將所需回答的問題，做條理清楚、內容完整而又是非曲直分明的闡述就可以了。如果是被人質疑，那就將「疑點」所在，做出符合事實和理由充分的回答，如果是法庭上的答辯，就將所涉及問題的時間、地點、在場人、事實的經過等加以闡明，或陳述你的申辯理由；如是學術上的答辯或解釋，那你就將你的觀點或研究成果，用科學的方法加以論述或闡明，倘若遇到深奧艱澀難懂的問題，可用淺顯易懂的形象性的語言加以說明，如此一來，你便能將你所答的問題說得明明白白了。

2.必須加以說明的即席發言

這種即席發言，通常是一個問題、一件事情在被人誤解、曲解，群眾或聽眾不甚明白或不明真相時的一種解釋性發言，這種即席發言既可以是指出、糾正他人的問題的事實真相，以達到澄清事實的目的，也可以是為自己或世人做辯白。一是和盤托出事實，以明真相，用事實來說明問題；二是要在道理上充分地加以闡述或說明，要抓住問題或事實的實質，切忌使用「描繪」、「誇張」之類發揮性言辭，否則會適得其反，把本該容易說明的問題，搞得複雜化了，致使聽眾反感。

3.「靈感」出現時的即席發言

什麼是「靈感勃發」呢？就是指觸景生情、由二連三或見鳥思鴿的聯想、遐想。這種情況，常在討論會、酒席間、聚會上碰到。由一位講演者或談

話者的一席話或一句話而發生聯想、勾起情思；或見到一位老同學、老同事、老部屬或老上級時所勾起的回憶；或是因酒興奮，情思奔流，話語的閘門開啟等情況下而發等等。這種「靈感」湧串流的講話，通常要視場合、情景而定，應以幽默、趣事，歡樂的內容、語調和氣氛為宜。要把握簡潔、得體、高雅、樂趣這樣四個要素。切忌酒後失言，不要講那種掃興話或長篇大論的廢話、贅詞。

4. 被邀請時的即席發言

被人邀請的發言，一是應該謙遜；二是應該講出與眾有益的話來；三是應該充分估計聽眾的客觀要求，說出受人歡迎的話來；四是要簡短、幹練。

「謙遜」，就是對主人（部門、團體）說些適當的謙卑語言。如感謝主人的熱情好客，讚揚主人的成績、善舉、為人風格和精神品德等。

「說出於聽眾有益的話來」，就是講話的內容能使聽眾獲得思想上的啟蒙和知識上的啟迪；要注意講演者的自我形象和美的感染力，不只有要以理服人，還要以情感人，以「楷模」形象出現在講壇上。

「充分估計聽眾的客觀要求」，就是說聽眾需要麵包，你就不要去描繪天堂如何美好；聽眾需要安撫，你就不要去激怒聽眾；面對需要「疏導」

的一幫年輕人，你就不要去「堵塞」或橫加干涉。

「要簡潔，不要空饒舌」，大凡一句話能講完的就不要用兩句話、三句話甚至喋喋不休的空話、大話和廢話。做到了上述四點，如果再能藝術地發揮一下講演技巧，那你的邀請發言是會成功的。

俗話說：「有備無患。」只要你對即席發言在心理和內容上有所準備，在發言時輔以各種技巧，自然可以引起別人的共鳴。

工作秘笈 適當的時候說適當的話

在辦公室這個圈子裡，要是你以為單靠熟練的技能和辛勤的工作就能出人頭地，那只能說明你比較幼稚。

當然，才幹加上逾時加班固然很重要，但懂得在關鍵時刻說適當的話，那也是成功與否的關鍵因素。卓越的說話技巧，譬如討好重要人物、避免麻煩事落到自己身上、處理棘手的事務等等，不只有能讓你的工作生涯加倍輕鬆，更能讓你名利雙收。牢記以下十句話，並在適當時刻派上用場，加薪與升職必然離你不遠。

1. 以最婉約的方式傳遞壞消息的句型：我們似乎碰到一些狀況……。

你剛剛才得知，一件非常重要的案子出了問題。如果立刻衝到上司的辦公室裡報告這個壞消息，就算不關你的事，也只會讓上司質疑你處理危機的能力，弄不好還惹來一頓罵，把氣出在你頭上。此時，你應該以不帶情緒起伏的聲調從容不迫地說出本句型，千萬別慌慌張張，也別使用「問題」或「麻煩」這一類的字眼，要讓上司覺得事情並非無法解決，而「我們」

聽起來像是你將與上司站在同一陣線，並肩作戰。

2.上司傳喚時責無旁貸的句型：我馬上處理。

冷靜、迅速地做出這樣的回答，會讓上司直覺地認為你是名有效率、聽話的好部屬；相反，猶豫不決的態度只會惹得責任本就繁重的上司不快，夜裡睡不好的時候，還可能遷怒到你頭上呢！

3.表現出團隊精神的句型：安琪的主意真不錯！

安琪想出了一條連上司都讚賞的絕妙好計，你恨不得你的腦筋動得比人家快，與其拉長臉孔、暗自不爽，不如偷沾他的光。方法如下：趁上司聽得到的時刻說出本句型。在這個人人都想爭著出頭的社會裡，一個不嫉妒同事的部屬，會讓上司覺得此人本性純良、富有團隊精神，因而另眼看待。

4.說服同事幫忙的句型：這個報告沒有你不行啦！

有件棘手的工作，你無法獨立完成，非得找個人幫忙不可。於是你找到那個對這方面工作最拿手的同事。如何開口才能讓人家心甘情願地助你一臂之力呢？送高帽，灌迷湯，並保證他日必定回報，而那位好心人為了不

負自己在這方面的名聲，通常會答應你的請求。不過，將來有功勞的時候別忘了記上人家一筆。

5.巧妙閃避你不知道的事的句型：讓我再認真地想一想，三點以前給您答覆好嗎？

上司問了你某個與業務有關的問題，而你不知該如何作答，千萬不可以說「不知道」。本句型不只有暫時為你解危，也讓上司認為你在這件事情上頭很用心，一時之間竟不知該如何啟齒。不過，事後可得做足功課，按時交出你的答覆。

6.智退性騷擾的句型：這種話好像不大適合在辦公室講喔！

如果有男同事的黃腔令你無法忍受，這句話保證讓他們閉嘴。男人有時候確實喜歡開黃腔，但你很難判斷他們是無心還是有意，這句話可以令無心的人明白，適可而止。如果他還沒有閉嘴的意思，即構成了性騷擾，你可以向有關人士檢舉。

7.不露痕跡地減輕工作量的句型：「我瞭解這件事很重要。我們能不能先查一查手頭上的工作，把最重要的排出個優先順序？」

不如當下就推辭。首先，強調你明白這件工作的重要性，然後請求上司的指示，為新工作與原有工作排出優先順序，不著痕跡地讓上司知道你的工作量其實很重，若非你不可的話，有些事就得延後處理或轉交他人。

8.恰如其分地討好的句型：我很想聽聽您對某件案子的看法……。

許多時候，你與高層人士共處一室，而你不得不說點話以避免冷場尷尬的局面。不過，這也是一個讓你能夠贏得高層青睞的絕佳時機。但說些什麼好呢？每天的例行公事，絕不適合在這個時候被搬出而言，談天氣嘛，又根本不會讓高層對你留下印象。此時，最恰當的莫過一個跟公司前景有關、而又發人深省的話題。問一個大老闆關心又熟知的問題，當他滔滔不絕地訴說心得的時候，你不只有獲益良多，也會讓他對你的求知上進之心刮目相看。

9.承認過失但不引起上司不滿的句型：是我一時失察，不過幸好……。

有錯在所難免，但是你陳述過失的方式，卻能影響上司心目中對你的看法。勇於承認自己的過失非常重要，因為推卸責任只會讓你看起來就像個

討人厭、軟弱無能、不堪重用的人，不過這不表示你就得因此對每個人道歉，訣竅在於別讓所有的矛頭都指到自己身上，坦誠可淡化你的過失，轉移眾人的焦點。

10. 面對批評要表現冷靜的句型：謝謝您告訴我，我會仔細考慮你的建議。

自己苦心的成果卻遭人修正或批評時，的確是一件令人苦惱的事。不需要將不滿的情緒寫在臉上，但是卻應該讓批評你工作成果的人知道，你已接收到他傳遞的訊息。不卑不亢的表現令你看起來更有自信、更值得人敬重，讓人知道你並非一個剛愎自用，或是經不起挫折的人。

工作祕笈

小心禍從口出

俗話說：「君子慎言，禍從口出。」

在辦公室中，不要對人、對事妄加評說，有些事自己心裡明白就行了，有些話能不說就不說。說話多了，往往會有失誤，或者攻擊了別人，會成為別人攻訐的口實。

因此，有學者道：「十語九中未必稱奇，一語不中則愆尤並集；十謀九成未必歸功，一謀不成則訾議叢興。君子所以寧默勿躁，寧拙無巧。」這段話的意思是說：做人要謹言慎行，即使十句話你能說對九句也未必有人稱讚你，但是假如你說錯了一句話就會立刻遭人的指責；即使十次計謀你有九次成功也未必得到獎賞，可是其中只要有一次失敗，埋怨和責難之聲就會紛紛到來。所以一個有修養的君子，為人寧肯保持沉默寡言的態度，不驕不躁，寧可顯得笨拙一些，也絕對不自作聰明，喜形於色溢於言表。

在辦公室中，人際關係是那樣地難以處理，有時你以好心規勸別人，不料會惹惱別人，輕則傷和氣，重則引火燒身。君不見在紀實性報告文學乃至小說中，有些人物的刻畫被人對號入座嗎？

如果一句話有壞風俗、損名節、揭人隱私之嫌，那這樣的話，害處就太大了，離災禍臨頭也不遠了。這樣的話，是斷然不可說的。一個人有缺點，有錯誤，你不妨指出來，讓他改正，但前提是你必須深深瞭解他，他能接受你的批評。不然，你說也是白說，還會結下仇怨。「譽我則喜，毀我則怒」，本是人之常情。聰明的人知道，別人可以毀譽加於我，我不可以毀譽加於人。

辱齒之傷，甚於猛獸；刀筆之烈，慘於酷吏。只是一句話罷了，卻可以侮辱一個人，並辱其子孫，並辱其祖先，那種傷慘的感情，會積攢數世，不但一般人都會尋機報復，就是天理也不容啊。

用偏見來論說古今的大道理，仗著小聰明來談說天下的大事，只此一端不及其餘，其實於理不通，於事不周，而又對批評意見聽不進去，私逞其強，剛愎自用，這是天下的大害。

沒有善惡之心，常做諂媚之態，工逢迎之計，習善柔之辭，這種人不只有難成氣候，最終會害人害己。

為人過於忠厚，不存戒心，把心裡的話都掏出來，逢人便是知己，終會被小人利用。

俗語道：害人之心不可有，防人之心不可無，在言辭上，也應如是。

一個非常忠厚老實的朋友曾說：他剛分到一個部門時，對很多東西看不慣。他不是過於挑剔的人，一些事太明顯了。他對幾個平常關係還不錯的同事講，但別人總是附和，或想方設法把談話引向深入，結果他的一肚子牢騷一字不差地傳到部門主管的耳朵裡，慢慢地，別人都不再與他交往了。他呢，也把自己封閉起來了。禍已從口出，水潑在地上，還能收回來嗎？

當人人都存有戒心時，會對別人說的話仔細品味，誤解的時候很多。同樣一句話，在不同場合，對不同的人，會發生不同的效果。

呂坤在《呻吟語》中說：「到當說處，一句便有千鈞之力，卻不激不疏，此是言之上乘，除此雖十緘也不妨。」這是說，保持沉默比說許多廢話有益處。

上班危險，小心輕放：完美對付工作危機的生存技巧 （讀品讀者回函卡）

■ 謝謝您購買本書，請詳細填寫本卡各欄後寄回，我們每月將抽選一百名回函讀者寄出精美禮物，並享有生日當月購書優惠！
想知道更多更即時的消息，請搜尋“永續圖書粉絲團”

■ 您也可以使用傳真或是掃描圖檔寄回公司信箱，謝謝。
傳真電話：（02）8647-3660　　信箱：yungjiuh@ms45.hinet.net

◆ 姓名：＿＿＿＿＿＿　□男　□女　□單身　□已婚

◆ 生日：＿＿＿＿＿＿　□非會員　□已是會員

◆ E-Mail：＿＿＿＿＿＿　電話：（　）＿＿＿＿

◆ 地址：＿＿＿＿＿＿

◆ 學歷：□高中及以下　□專科或大學　□研究所以上　□其他＿＿＿

◆ 職業：□學生　□資訊　□製造　□行銷　□服務　□金融
□傳播　□公教　□軍警　□自由　□家管　□其他＿＿＿

◆ 閱讀嗜好：□兩性　□心理　□勵志　□傳記　□文學　□健康
□財經　□企管　□行銷　□休閒　□小說　□其他＿＿＿

◆ 您平均一年購書：□ 5本以下　□ 6～10本　□ 11～20本
□ 21～30本以下　□ 30本以上

◆ 購買此書的金額：＿＿＿＿

◆ 購自：＿＿＿＿市（縣）
□連鎖書店　□一般書局　□量販店　□超商　□書展
□郵購　□網路訂購　□其他＿＿＿

◆ 您購買此書的原因：□書名　□作者　□內容　□封面
□版面設計　□其他＿＿＿

◆ 建議改進：□內容　□封面　□版面設計　□其他＿＿＿
您的建議：

剪下後傳真、掃描或寄回至「22103新北市汐止區大同路三段194號9樓之1讀品文化收」

廣 告 回 信
基隆郵局登記證
基隆廣字第 55 號

221-03

新北市汐止區大同路三段 194 號 9 樓之 1

讀品文化事業有限公司　收

電話/(02)8647-3663　傳真/(02)8647-3660
劃撥帳號/18669219　永續圖書有限公司

請沿此虛線對折免貼郵票或以傳真、掃描方式寄回本公司，謝謝！

讀好書品嘗人生的美味

上班危險，小心輕放：
完美對付工作危機的生存技巧